U0175393

融冰时代

极端天气来了

叶谦 著

青岛出版集团 | 青岛出版社

图书在版编目（CIP）数据

融冰时代：极端天气来了 / 叶谦著. 一青岛：青岛出版社，2024.1

ISBN 978-7-5736-1608-1

Ⅰ. ①融… Ⅱ. ①叶… Ⅲ. ①气象学 – 青少年读物 Ⅳ. ①P4-49

中国国家版本馆CIP数据核字(2023)第201086号

RONGBING SHIDAI：JIDUAN TIANQI LAILE

书　　名　融冰时代：极端天气来了
丛 书 名　地球气候之书
著　　者　叶　谦
出版发行　青岛出版社
社　　址　青岛市崂山区海尔路182号（266061）
本社网址　http://www.qdpub.com
策　　划　连建军　魏晓曦
责任编辑　江　冲　邓　荃　窦　畅　吕　洁
文字编辑　王　琰
特约编辑　煜　爔
美术总监　袁　堃
美术编辑　孙　琦　孙恩加
印　　刷　青岛海蓝印刷有限责任公司
出版日期　2024年1月第1版　2024年1月第1次印刷
开　　本　16开（715mm×1010mm）
印　　张　12.25
字　　数　150千
书　　号　ISBN 978-7-5736-1608-1
定　　价　68.00元

编校印装质量、盗版监督服务电话 4006532017 0532-68068050
建议陈列类别：少儿科普

愿本书能成为

你生活航船上的一片帆

总序

与叶谦博士相识，还要追溯到30年前我在美国交流工作时的岁月。叶博士在气候学领域的渊博学识和卓越见解给我留下了深刻的印象。那时，我就能感受到叶博士不仅是在自己熟悉的专业范畴内深耕细作，还对气候变化所引发的相关社会问题非常关注，并致力于在更广泛的领域有所作为。如今，又读到了他的新作，并再次受邀作序，我感到十分荣幸。

在科学的世界里，气候变化是一个重要而又复杂的研究领域。对少年朋友们来说，了解气候变化的真相和影响尤为重要。然而，如何用易懂且有趣的方式向他们传达这些复杂的信息呢？叶博士在这套丛书中做了独特的尝试。

这套丛书聚焦于气候变化，以深入浅出的方式为少年儿童揭开了这个复杂主题的神秘面纱。作者从少年儿童的兴趣出发，将气候变化这一全球议题巧妙地转化为一个个生动的故事，引领读者探索气候的奥秘，从而使

读者对气候变化有更直观的理解。书中，作者将地球演化史和人类发展史与气候变化相结合，使读者从多角度了解人类活动如何在当今的气候变化中发挥作用，以及未来气候变化可能对人类社会和经济发展带来的潜在影响。这种全面的视角，无疑让这套丛书成为一部富有教育意义的科普佳作。阅读全书，我体会到本丛书有以下三个特点：

一是，本丛书以通俗易懂的方式呈现了气候变化的知识，让少年儿童在阅读过程中能够轻松掌握有关气候变化的科学知识。通过阅读本书，孩子们将了解到地球气候系统的基本知识，包括温室效应、全球变暖和极端天气等现象的成因；认识到气候变化并非遥不可及，而是已经在我们身边悄然发生。同时，书中的科学案例和专家观点将帮助孩子们深入理解气候变化的严峻性和紧迫性。这不仅有助于提高他们的科学素养，更为他们未来的生活和职业选择提供了有价值的参考。

二是，作者在书中不仅展示了气候变化的科

学知识，更传递了一种价值观：我们应尊重自然、保护环境、积极行动。这不仅是对少年儿童的启示，也是对每一个有责任感的世界公民的引导。面对气候变化的挑战，我们每一个人都有责任和义务去了解、去应对。本丛书可作为我们手中的一把钥匙，帮助我们打开了解气候变化的大门。

三是，本丛书向孩子们传递了宝贵的科学精神和探索精神，包括不断求知、不断探索、不断质疑、不断求证的态度；包括对真理的追求、对未知的好奇、对自然的敬畏；也包括在面对困难和挫折时，如何保持坚韧和勇气。在科学探索的道路上，每一个新的发现和突破都让我们更加接近真理。对于气候变化这一全球议题，我们不仅需要深入研究和理解，更需要向更多的人，特别是少年儿童，普及相关知识。这正是本丛书所致力于实现的目标。

总体而言，这是一套启发人心的科普读物，适合所有对地球环境和未来充满关切的大朋友和小朋友阅读。在这个全球变暖的时代，我们需要更多的科学知识

指导行动，来应对这些挑战。希望本丛书能够激发你的好奇心和行动力，协助你投入保护地球的行动中去。只有我们每一个人都积极行动，才能有效调节气候变化，创造一个可持续发展的未来。

在阅读本丛书的过程中，请记住，每一个微小的改变都有可能产生巨大的影响。我们的行动无论多么微小，都会对地球的未来产生影响。让我们一起揭开气候变化的秘密，为了我们的地球，也为了我们的未来。

许小峰

中国气象服务协会会长、中国气象局原副局长

自序

地球已经有46亿年历史了。与太阳不远不近的距离和速度适当的自转、公转，让地球上的大部分地区都能接收到适量的光热。自转所产生的磁场再加上作为卫星的月球，又减少了地球受太阳风侵袭和外来星体撞击的危险。最重要的是，历经数亿年，地球上终于出现了适合生命存在的氧气浓度和使水以三相共存的地表温度。而700多万年前人类的出现，更是在目前可探索的亿万星球中绝无仅有的！虽然人类历史只是地球历史长河中的一刹那，但人类活动已经对地球造成了深远的影响，全球气候变化就是其中之一。

40余年前，我与29位来自祖国各地的同学一起走进了北京大学气象专业的课堂。在当时，气象学科是一个颇为小众的科学研究领域。然而今日，气象服务已经能够通过多种渠道为社会提供实时的天气情况和预报。全球各地频繁发生的暴雨、暴雪、干旱、台风、龙卷风等极端天气事件，常常成为各类媒体的头条新闻。全球

气候变化对人类生存环境的潜在威胁，已经激发了许多年轻人积极投身于保护我们生存环境的各项研究和活动中。所有这些都离不开大气科学研究的快速发展。

在本丛书中，我尝试通过讲述与天气、气候有关的地球自然系统和人类社会所发生过的、正在发生的和未来可能发生的小故事，让包括广大少年朋友在内的读者们了解，全球大气科学领域的研究者如何探索和发现我们周边看不见、摸不着，却须臾不可或缺的大气的变化规律。

如果说大气科学与其他自然科学有什么不同，那就是它的研究对象所特有的“天天有、日日新”的特点，以及对人类社会方方面面的影响。我最大的心愿就是希望通过本丛书所抓取的九牛一毛，让关注天气、气候成为读者们日常生活中的兴趣爱好之一。

目录

引言

失控的火与水

地球是我们赖以生存的家园，它形成和演化的过程非常复杂和神奇。在地球的演化过程中，“火”与“水”发挥了非常重要的作用。它们不仅参与塑造了地球表面的形态，还影响了生命的生存与演化。

在地球形成初期，源自地球内部的火山爆发和受地外天体撞击所产生的巨大能量，成为自然环境中大多数火的源头。不过，在地球大气氧含量较低且陆地上植物较少的远古时期，极少出现草原、森林大火。后来，随着氧气含量和植物的增加，地球表面自然火灾的数量也越来越多。火成为影响植物和陆地生态系统进化的重要因素，在地球演化史上发挥着不可替代的重要作用。同时，火的发现和利用对人类社会的发展有着里程

碑式的意义。

水在地球的演化过程中也扮演着重要的角色，它让生命成为可能，滋养着地球上的所有生物。在人类文明的起源和早期发展中，水也起到了非常重要的作用。人类的定居生活和农业生产都离不开稳定的水源，大河流域更是早期人类文明的摇篮。但是，水在历史上也给人类留下了许多悲惨的记忆。例如，世界上的许多民族都有“洪水灭世”的传说。直到今天，水患仍然是大部分国家难以根治的自然灾害之一。

在日常生活中，“水火无情”四个字常常被用来描述水和火的猛烈与残酷，这正是水灾和火灾最突出的特点。随着全球气候变化越来越显著，科学家和联合国的相关组织不断发出警报：由水和火所引发的灾害事件在世界各地发生的次数将会增加，未来可能会出现强度超过2023年持续数月的加拿大野火和利比亚特大洪灾的极端灾害事件。

然而，这只是全球气候变化引发的表面现象，地球自然系统中正在发生的其他与气候相关的长期、深层次、全球性的变化，将会对我们人类，这个地球生物界的年轻物种产生深刻的影响。全人类更应该警醒的是，由人类活动所引发的地球生物进化史上的第六次大灭绝，有很大可能已经在发生的过程中，大自然已经通过不同的方式向我们发出了警示……

1 脆弱的冰冻圈

明明是全球变暖，为什么还会出现极寒天气？

为什么北极圈里生长着一片“醉树林”？

谁在西伯利亚铺下了一张“草原蹦床”？

由于冰雪在气候和生态环境中的独特作用，地理学界特别将它们单列出来，与冻土一起统称为“冰冻圈”。随着气候变化的加剧，冰冻圈正发生着前所未有的变化。

正在消融的冰雪世界

一边是海冰减少，
一边是冰架崩裂，
两极冰雪一融化，全球都会受影响。

南北两极大不同

提起地球的南、北极地区，大多数人眼前出现的可能会是大同小异的冰雪世界。而实际上，地球的南、北极地区有着巨大的差异。

南极地区是全球最寒冷的地区，不属于任何国家。在这个冰封的世界里，除了冰川，还有连绵起伏的山脉和深邃的冰裂隙，这些地理景观令人震撼。

北极地区位于北极圈以北，包括北冰洋的绝大部分及其周边的亚、欧、北美三洲的部分地区。共有 8 个国家的领土自然延伸到北极圈以内，分别是加拿大、丹麦、芬兰、冰岛、挪威、瑞典、俄罗斯和美国。北极地区的大部分被北冰洋所覆盖。值得一提的是，挪威探险英雄*南森*于 1893—1896 年间乘船沿亚欧大陆北岸航行，经过新西伯利亚群岛抵达北纬 83° 59' 处。之后，他改用雪橇在冰上滑行，并成功到达北纬 86° 13'26" 处，首次证实北极地区是一个深海盆地。

► **走近科学巨匠**

弗里乔夫·南森（1861—1930），挪威北极探险家、海洋学家和社会活动家。1888 年，他首先以雪橇横越格陵兰冰盖。

南极冰架崩裂

南极洲总面积约 1400 万平方千米，其中大陆面积约 1239 万平方千米。这里蕴藏着地球上约 80% 的淡水和约 90% 的世界总冰量。经科学家测量计算，南极大陆冰盖的总体积超过 2800 万立方千米，

冰层平均厚度达 2000 米。如果这些冰雪全部融化，全球洋面将升高 60 多米，地球上的陆地面积会因此缩小约 2000 万平方千米，比中国和美国两国陆地领土面积的总和还大。

南极大陆常年被冰雪覆盖，就像戴了一顶巨大的“冰帽”。这顶“冰帽”在自身重力的作用下，从内陆高原向四面沿海地区滑动，形成数千条冰川。在这些冰川入海处，会形成面积广阔的大冰舌，

天堂湾的冰山

天堂湾是南极大陆架附近最具魅力的港湾之一。在这个宁静的港湾内，湛蓝清澈的水面上映着冰川的倒影，景色如梦如幻。

科学家称之为“冰架”，也就是大陆冰盖向海洋延伸的部分。

南极洲的海岸线长约2万千米，其中近8000千米被终年不化的冰架所占据。正常情况下，在上游冰川不断往下移动的挤压下，冰架会向外海方向推进。在这个过程中，冰架会由于表面和底部融化而变薄，而海水表面温度的升高，也会导致其前缘形态变化，最终发生崩裂。落下的冰架形成冰山，漂浮在大洋中，直至消融。

每年有数以万计的冰山从冰架上分裂出来。这些冰山的融水是大洋底部深层水体的主要来源，它们的冷却作用通过这些冰冷水体在大洋深层的流动，影响热带和北半球温带地区的海水温度，进而在一定程度上影响着全球大气环流运动。

拉森C冰架的大裂缝

拉森C冰架是南极洲的大型冰架之一，也是世界第四大冰架。2017年，科学家观测到拉森C冰架发生了崩裂。令人惊讶的是，崩裂不是从边缘开始的，而是从冰架内部开始的。科学家先是通过对比数十年间的卫星照片，发现拉森C冰架上的冰层变薄，而后又发现冰架上出现了长度超过100千米的巨大裂缝。到2017年7月，经过几个月的“命悬一线”，裂缝最终到达冰架的边缘，一座巨大的冰山从拉森C冰架上脱落，其面积超过5000平方千米，占拉森

C 冰架的 10% 左右。这座冰山与冰架的脱离，让它下面的海洋生物 12 万年来第一次暴露在阳光下。科学家最为担心的是：当冰山完全脱离后，原本在大陆上缓慢稳定推进的冰川，也许会因失去冰架的阻挡，而突然大量快速地进入海洋，从而导致海平面上升！

○ 英国南极考察处发布的于 2017 年 11 月 22 日拍摄的拉森 C 冰架

让科学家困扰的是，与北极海冰快速消融不同，自1979年以来，南极海冰覆盖的区域，每10年增加约1%。到2015年，南极海冰范围创历史新高，比2014年的记录多了大约19万平方千米，这一现象似乎与全球变暖理论所推测的相反。但是仅仅一年后，2016年，南极海冰面积突降40%以上，虽然后面几年有所回升，可是2023年2月13日，整个南极洲的海冰面积仅为191万平方千米，是自1979年有卫星记录以来的最低水平。这些“上上下下”的变化，表明地球气候系统的变化过程是极为复杂的，需要科学家进一步观测研究。

北极海冰加速融化

北极地区又是怎样的情况呢？

在20世纪50年代后期，地球科学界共同合作发起了“国际地球物理年”，拉开了全球对地质、大气、生态环境等方面联合观测研究的序幕。由于全球大部分人口和国家集中在北半球，因此科学家们特别关注北极地区对全球气候系统的影响。经过了几十年连续且全面的研究，科学界现已公认，北极地区是对全球气候变化响应最敏感的地区之一。

卫星遥感技术的出现，让我们能够更好地研究北极海冰的变化。

过去几十年的卫星观测结果显示，北极地区的气候正在快速变化。自 1951 年以来，北极气候变暖的速度是全球平均水平的 2 倍，格陵兰岛的气温平均升高了 1.5℃，而同期全球升温平均值为 0.7℃。

过去，北极主要是由多年冰主导，而现在更多的是季节性海冰。自 1979 年以来，夏季北极海冰覆盖面积已经减少了 40% 以上，海冰厚度也明显减少。同时，冰龄年轻化、*冰面融池*增多等因素，也在加速更多海冰在夏季消融期的融化。

► 冰面融池是海冰表面由于冰雪融化、降水等因素形成的大小不一、造型各异的水洼。

冰期会提前到来吗

科学家发现，南、北极地区的海冰是全球气候系统的重要组成部分，它们的变化不仅对极地地区造成直接影响，更会通过各种复杂的过程，对更大范围的天气、气候产生重要影响。

对北极地区而言，北极海冰面积的减少与当前北半球高纬度地区冬季更多的气象灾害直接相关。我国科学家研究发现，近 20 年来，秋季北极海冰异常偏少导致了欧亚大陆冬季异常天气频繁出现，也成为我国冬春季节气象灾害频繁发生的主要原因之一。

从更大的时空尺度上看，北极海冰的快速融化使大量淡水进入北大西洋，这有可能破坏全球*大洋环流*。从地质历史记录上看，这个循环过程如果被打破，就可能成为导致全球进入冰期的诱因。美国曾以科学家这一关于全球变暖可能产生后果的理论推测为基础，推出了当年轰动一时的灾难片《后天》，我们会在下文中详细讲述。

► 大洋环流是指海水在大洋范围内形成首尾相接的独立流动系统。

○ 当地时间 2023 年 1 月 18 日，丹麦格陵兰岛冰原上的融水河

全球变暖影响到遥远的格陵兰冰盖顶部

2023 年 1 月 19 日凌晨，国际学术期刊《自然》在线发表的一篇论文称，研究人员通过钻取冰芯，对 1100—2011 年格陵兰岛中北部进行温度重建发现，2001—2011 年是过去千年中最温暖的 10 年，气温比 20 世纪高 1.5℃。这超出了工业化之前自然变率导致的温度变化，是人为驱动的全球变暖和自然变率叠加的结果。研究表明，全球变暖的影响已经波及格陵兰岛中北部偏远的高海拔地区。

研究人员表示，他们的研究存在一些需要进一步完善的地方。首先，他们对格陵兰岛温度的重建只到 2011 年，因此他们希望将相关记录进一步延续到 21 世纪。其次，在温度重建中仍然存在不确定性，这就是为什么他们将研究解释限制在 10 年的时间尺度上。此外，由于缺乏长期观测，全球变暖对海拔高达 3000 米的冰盖部分的影响仍不清楚。这些是他们将来要去做的事情。

研究人员认为，大幅减少二氧化碳排放量能缓解格陵兰冰盖升温的现状。正如政府间气候变化专门委员会（IPCC）的最新报告所述，这需要政治、经济和社会等各个领域的人们一起采取行动。

『醉酒』的树林

冻土之上，
树木略带『醉意』的舞姿，
跳出的是对未来的忧虑。

北极圈内的新景观

近年来，在美国阿拉斯加州、加拿大和欧亚大陆北部低洼地带的一些森林中，出现了一种被当地因纽特人称为“醉树林”的新景观。远远望去，在大多数高耸挺拔的树木的衬托下，一些树木以各种姿态摇曳其中，仿佛带着醉意的人们在尽情舞蹈。而科学家观察研究后却发现，这一自然界的新景观虽好看，但并不好玩，因为“灌醉”这些树木的是由人类活动所“酿制”的全球气候变暖这杯“酒”。

对北极地区冻土变化的长期研究发现，大气和陆地表面之间的热量交换是决定冻土厚度和空间分布的主要因素。全球气候变暖导致北极地区大面积的永久冻土以前所未有的速度融化，冻土的融化和冻结过程交替频繁出现，使地面出现了上升和下沉的变化，最终产生了“醉树林”这一新景观。

陆地的一半是冻土

青藏高原有着全球中低纬度地带海拔最高、面积最大的多年冻土区。

从自然地理学的角度看，北极圈内的土壤都是地质学上被称为冻土的一类特殊土壤。冻土是指温度低于0℃导致土壤中水分与土粒或疏松岩石相冻结的土层。冻土在北半球主要分布于北极圈以内的北冰洋沿岸，包括欧亚大陆北部、北美大陆北部，以及北冰洋的许多岛屿等高纬度地区，另外还有一些高海拔地区，如我国的青藏高原。

研究人员在俄罗斯雅库茨克市的永久冻土博物馆查看冻土样本，馆内恒温 -9℃

科学家根据土壤冻结时间的长短，将冻土分为不同的类型。持续冻结数小时至半个月的土壤为短时冻土；冬季冻结历时半个月以上，夏季全部融化的土壤为季节冻土；连续保持冻结时间 2 年以上的土壤为多年冻土（或永久冻土）；持续冻结时间处于季节冻土和多年冻土之间的为隔年冻土。

地球上冻土区的面积约占陆地面积的 50%，其中多年冻土面积约占陆地面积的 25%。俄罗斯和加拿大近一半的领土以及美国阿拉斯加州 85% 的土地都是冻土区。

糟糕，冻土融化了

由于冻土区约占全球陆地面积的一半，因此在保护自然生态系统的多样性和土壤的稳定性等方面起到了不容忽视的作用。

冻土融化会带来哪些影响呢？

在自然生态系统的多样性方面，冻土融化所产生的融水会形成新的池塘甚至湖泊，有可能使区域内千万年来形成的河流水系发生改变，扰乱野生动物的正常生活，如鱼类的洄游产卵、鸟类的筑巢和小型哺乳动物的季节性迁徙。

在土壤的稳定性方面，冻土的土层和岩层中的水年复一年地反复冻结和融化，将直接破坏土体和岩体的原有结构；而由于冻土层土中孔隙基本上被水所充满的土叫饱和土。其饱和度（即土中水的体积与孔隙体积之比）达0.8~1.0。地下水位以下的土一般都是饱和土。

含有大量的冰，当其上部解冻时，所产生的融水会使松散土层达到饱和状态，并在重力作用下发生下滑，造成路面开裂，油气管道移位、断裂和开孔，建筑的移位和倒塌等事件；土壤融化层、冻结层厚度的改变，还直接影响融雪水和降水在土壤中的循环过程。

冻土受到全球变暖的影响发生融化的同时，也会将原本贮存于其中的温室气体释放到大气中，反过来加剧全球变暖。据粗略估计，目前每年从北半球冻土地区释放入大气的甲烷，约占全球自然界释放甲烷总量的25%。如果不尽快控制住全球变暖的脚步，事情恐怕会变得更糟。

○ 当地时间 2019 年 9 月 17 日，由于地球温度的上升，美国阿拉斯加州基瓦林纳附近的永久冻土正在融化

『草原蹦床』

在『世界尽头』，有许多大小不一的坑，也有弹性十足的『草原蹦床』。

小心，前方有坑

2016年夏天，在临近亚马尔半岛海岸线的偏远小岛别雷岛上，由俄罗斯和挪威科学家组成的一支科学探险队正在向目的地徒步行进。他们此行有一个重要任务——考察当地永久冻土层上突然出现许多深坑的原因。

亚马尔半岛位于俄罗斯西西伯利亚平原西北部，是一个被当地人称为“世界尽头”的地方。半岛三面临海，总面积达12.2万平方千米。亚马尔半岛地表平坦，最高点海拔90米。南缘为森林苔原带，中部为*苔原*、草地与灌丛，北部属苔原带。半岛长达8个月的冬季极为寒冷，气温常常低至-40℃，永久冻土层覆盖广泛。

▶ 苔原亦称“冻原”，是分布于极地附近或高山的无林沼泽型植被，主要植物是苔藓或地衣。

1000多年来，居住在半岛上的居民主要是以饲养驯鹿和渔猎业为生的涅涅茨人。涅涅茨人是一个游牧部族，至今还保留着在亚马尔半岛上驯养驯鹿的传统生活方式。2013年，当地驯鹿牧民在一年一度的季节转场途中，突然发现在他们熟悉的道路中间出现了一个大坑。所幸的是，牧民们和他们的驯鹿及时看到了这个坑，才没有引起伤亡。诡异的是，自从这个坑出现后，在接下来一年半的时间内，它扩大了十几倍。

荒寒之地，坑从何来

接到牧民的报告后，科学家们对亚马尔半岛进行了考察。令他们感到震惊的是，考察结果表明，在这片永久冻土层上出现的不是一个坑，而是许多大小不一的坑！

与许多奇怪现象被发现之初一样，科学家和公众对亚马尔半岛这个荒寒之地突然出现如此多的坑的原因做了多种猜测，其中不乏一些奇谈怪论。例如，有人认为这些坑是俄罗斯试射新型导弹所造成的；也有人认为这是外星人造访地球的新证据。这些猜测看上去似乎有些道理，特别是当其中一个坑形成之时，人们在 100 千米外都听到了巨响，伴随着响声还能看到天空中出现的闪光。

研究人员对亚马尔半岛深坑展开进一步的科学考察发现，全球变暖才可能是造成这一现象的主要原因。亚马尔半岛沿海大部分是低平的沙岸，由于受海相沉积物和冰川沉积物的影响，地貌复杂，冻土层下蕴藏着大量天然气。近些年，整个北极地区的变暖速度是全球平均水平的两倍，直接导致冻土层中冰的融化速度加快，改变了冻土层的内部压力。于是，存在于冰丘缝隙中的天然气从地下喷

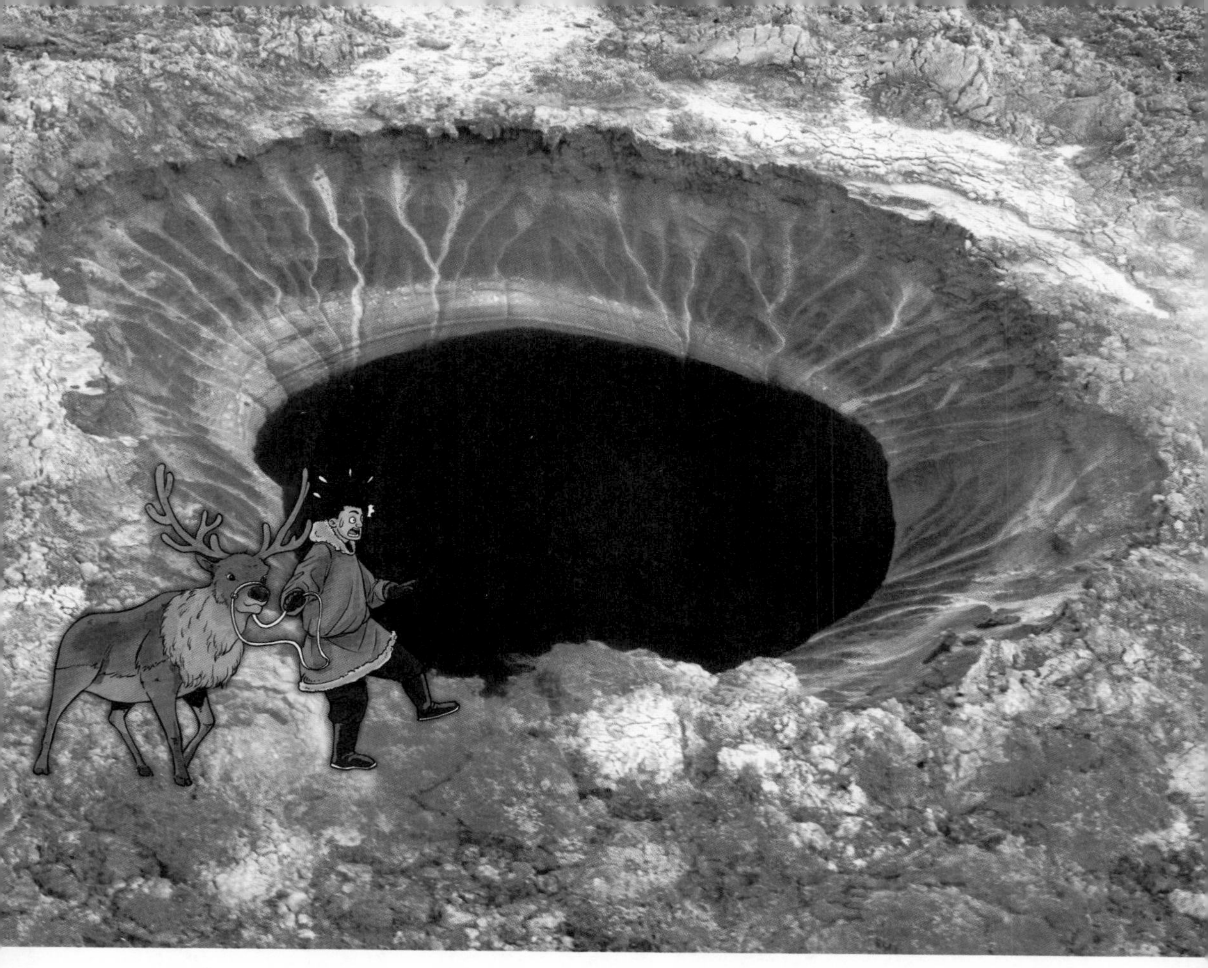

○ 俄罗斯亚马尔半岛上出现的深坑

发出来，引发地表塌陷，形成了人们所见的深坑。

海相沉积是指在海洋环境中产生的沉积。按沉积物沉积的海底深度不同，分为滨海相、浅海相（也称“陆架相”）、半深海相、深海相沉积等。

“草原蹦床”之下的秘密

俄罗斯和挪威的科学探险队在向着考察目标行进的途中发现，脚下本应坚实的草原有时会突

○ 加拿大亚伯拉罕湖的冰面下出现的唯美“冰冻气泡”。这些气泡是由湖底植物释放的甲烷在靠近湖面的过程中冻结形成的

然出现弹性，走在上面就像走在蹦床上一样。戳破这些“草原蹦床”，科学家对其中释放出的气体进行了检测，最终确认其主要成分是甲烷和二氧化碳。

2010 年，科学家就已经发现，北极圈永久冻土中和海底含有大量甲烷。甲烷是天然气的主要成分，同时，它产生的温室效应比二氧化碳大得多。冻土融化所释放的甲烷未经氧化便直接逃逸至大气层中，可能是近些年全球变暖提速的一个原因。而“草原蹦床”现象进一步证实了，近几年来，由于北极地区异常高温，从而导致永久冻土迅速消融。

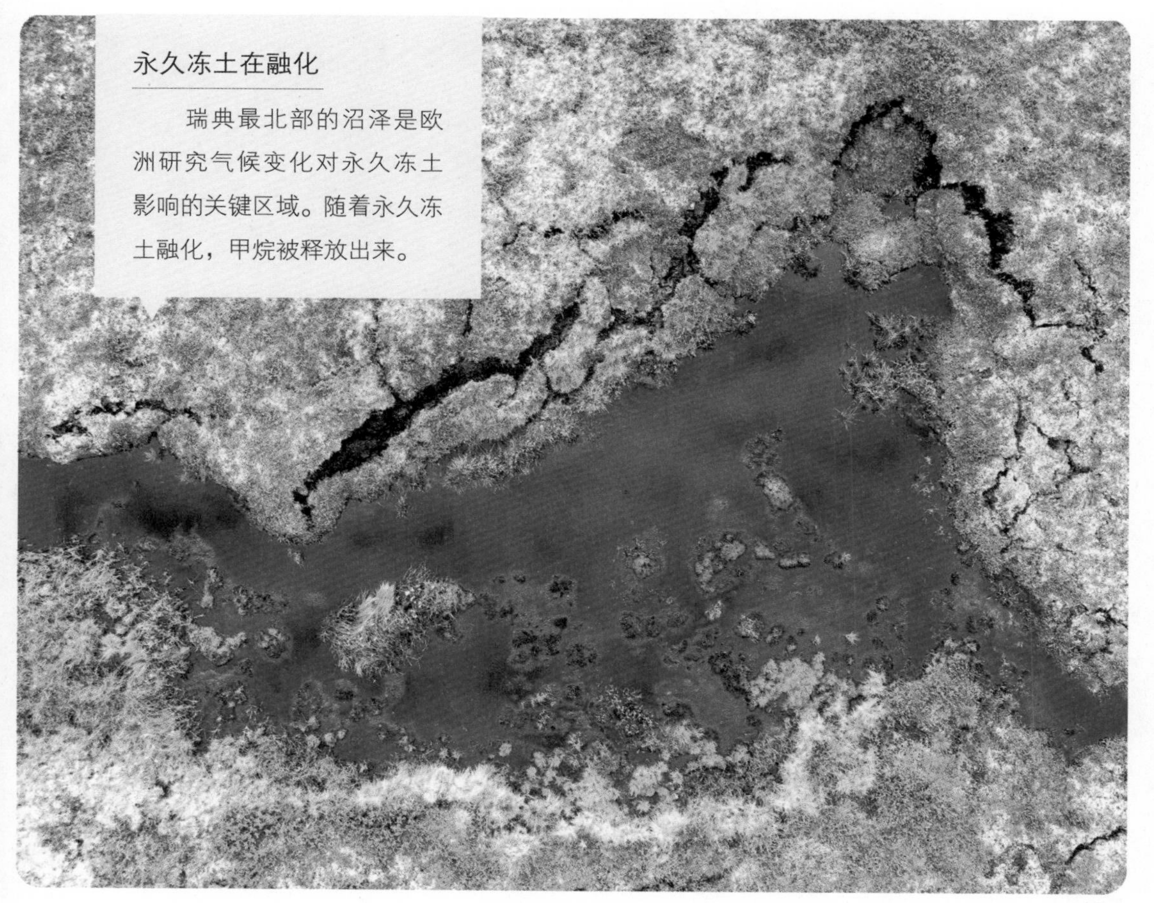

永久冻土在融化

瑞典最北部的沼泽是欧洲研究气候变化对永久冻土影响的关键区域。随着永久冻土融化，甲烷被释放出来。

历史折射出的『后天』

如果冰期再次到来，
世界会是什么样子？
人类的未来又将去向哪里？

重回冰期

2004年上映的电影《后天》是一部发人深省的灾难片，它通过艺术加工，用科幻的手法展示了地球气候可能发生的变化：在全球变暖的持续作用下，北半球中高纬度地区的冰川融水和降水增加，大量淡水进入北大西洋，使海洋表面的盐度降低，导致北大西洋热盐环流带突然断裂。在现代气候系统中，由于只有大西洋存在能够向高纬度输送热量的热盐环流，因此北大西洋暖流停止流动之后，低纬度的热量就无法传输到高纬度，导致北美、西欧的气温迅速下降，进而使地球在几天之内突然急剧降温，全球气候变冷，进入冰期。整个北半球也因此陷入了龙卷风、暴雨、暴风雪、海啸等各种灾难之中。

在第二章中，我们还会详细介绍热盐环流。

在地球历史上，全球快速降温事件是真实发生过的。科学家对包括格陵兰冰芯在内的多种资料分析发现，在1.29万～1.17万年前，全球大部分地区的气温下降，全球平均气温比现代低约10℃，北大西洋周围地区的降温现象极为突出。这一严寒时期持续了1000年左右。后来，这种低

温现象结束得很快，在数十年内，有些地区甚至可能在10年内，气温又迅速上升，从而终结了这段对包括人类在内的生物界而言堪称灾难的漫长“寒冬”。这个对人类发展具有重要意义的事件，被古气候学家命名为*“新仙女木事件”*。

▶ 仙女木怕热喜冷，在北半球，其生长范围通常会随着寒冷天气的南进而向南扩张。它是寒冷气候的标志植物，因此用它来命名寒冷事件。

又是小行星惹的祸

对于造成这次突发严寒时期的原因，科学家有许多推测。其中，在北美洲发现的一层被称为“黑垫”的深色地层，提供了可能的答案。美国劳伦斯伯克利国家实验室的研究人员发现，北美洲“黑垫”地层大约形成于1.29万年前“新仙女木事件”刚开始的时候，其下方还有一个很薄的沉积层，虽然厚度只有不到5厘米，但其中布满了微球粒、纳米金刚石颗粒，以及各种形态奇怪的碳、木炭和烟粒，在微球粒中还检测到了很高的铱含量。

这些发现都属于已知的陨石撞击地球后的生成物。与这些高铱微球粒同时出现的，还有许多球形的碳和玻璃质的碳。全球24名科学家随后组成研究团队，在全球170多个地点采集了冰芯和湖底沉积物样品。在叙利亚北部的一个考古遗址中，考古学家发现了大量熔化后又重新凝结的金属颗粒和玻璃态物质，其中包括熔点在1768.2℃的铂和熔点在2446℃的铱。也就是说，该遗址周围的大气温度至少曾经达到了近2500℃。研究人员认为，这种高温所需要的能量强度只能由瞬间的高能量现象造成，而且由小行星撞击产生的可能性最大。

▶ 铱是一种银白色金属，存在于铂矿中，由不溶于王水的铂矿残渣经熔炼、分离、提纯制得，可用于制作仪器、电阻线、坩埚等。

一场大火引发的寒冬

基于小行星撞击的假说，科学家对 1 万多年前所发生的这场事件的全貌进行了复原：一颗直径大于 100 千米的小行星，在进入地球轨道后开始解体、碎裂，所产生的碎片分散撞击了几个大陆或在其上空爆炸，碎片与释放的能量引发全球范围大规模的野火。这次撞击和燃烧所产生的高温将大量有机质燃烧成了炭球、玻璃态的碳，甚至纳米级的金刚石颗粒。

○ 冰期的想象图

科学家还根据沉积物中烟粒的浓度，计算出了当时撞击所引发的野火面积，这场大火至少在近 1000 万平方千米的陆地上发生。大火燃尽了大量陆地生物质，而在白垩纪末期，以恐龙灭绝为标志的生物大灭绝事件期间，燃烧的陆地生物质还不到这场大火的三分之一！

这场大火快速融化了北美在冰期所积累的巨量冰川。融化的淡水进入北大西洋，最终在电影《后天》所描绘的类似的作用机制下，引发了“新仙女木事件”。幸运的是，“新仙女木事件”的降温过程并没有像电影中那样突然，而是经过了数百年。然而，这段上千年的寒冷期对包括人类在内的许多动植物造成了极大的生存压力。对这一事件所产生的后果研究得越深入，科学家越是担忧当前正在发生的全球快速变暖现象。虽然电影《后天》描绘的场景可能不会完全重现，但全球变暖可能会导致类似的灾难性后果，给地球的生态系统和人类的生存带来严重的威胁。

像气候学家一样思考

“新仙女木事件”是一个复杂且充满挑战性的研究课题，展示了地球气候系统的复杂性，为气候学家提供了预测未来气候变化的一个可能视角。尽管气候学家不能直接将“新仙女木事件”与现在的气候变化相比较，但通过深入研究地球的气候变化机制和影响因素，可以从中了解一些关于气候变化的模式和趋势。

大洋发出的警报

北大西洋的海水为什么变咸了？

巴拿马运河的通行费为什么越来越高？

一条洋流如何影响全球气候？

海洋是地球所有生物的起源地，而在过去的几十年里，我们的海洋已经发生了巨大的变化，这些变化对地球的气候系统、社会经济、食物供给和人类健康都产生了不可估量的影响。

北大西洋的海水变咸了

人类『来自』海洋，
带着海的印记，
而海洋的『印记』却在悄悄变化。

海洋印记

盐是我们日常生活中的必需品。当人体因某种疾病或意外而失水或失血过多时，医生通常会给患者注射生理盐水。在高强度体力劳动和马拉松等体育竞技中，人们如果不能及时补充“海水”，就可能因出汗过多引起脱水、电解质紊乱等问题，甚至危及生命。

据科学测定，海水和人体血液中溶解的化学元素的相对含量惊人地接近！这一结果不是巧合，而是人类身上的“海洋印记”。

事实上，盐对包括人类在内的地球生物的生存和健康至关重要。原始生命首先是在海洋中诞生的，虽然随着环境的变化，海洋中的生物逐渐向陆地迁移，但其体内仍然留下了从海洋起源的印记，并一代代传继下去。

巨大的海洋容纳了约 13.7 亿立方千米的水，占全球总水量的 97% 以上，不过都是难以为人类直接利用的盐水。

为什么海水会变咸

▶ 海水盐度是海水中含盐量的一个标度。海水的含盐量、温度和压力三者是研究海水的物理过程和化学过程的基本参数。

不只生物离不开盐，地球气候系统的变化也与盐密切相关。*海水盐度*是影响海水流动最基本的变量之一，与温度共同影响着海水密度。海洋中表层海水盐度的空间分布受降水、蒸发、径流以及冰冻和融化等因素的影响。表层海水的含盐量反过来也调节着降水和蒸发过程，进而影响着全球水循环过程。

科学家测量发现，在过去50多年间，大西洋副热带地区的表层海水正在逐渐变咸，盐度增加了不到1%。虽然这听起来是一个非常小的变化，但如果考虑到全球海洋的总盐量基本不变，1%的变化就意味着有大量的淡水从海洋中蒸发出来。造成这一情况的原因是全球变暖导致地球总的降水格局发生了变化：副热带地区温度的升高，造成蒸发量增加，这些水汽在大气运动下被输送到高纬度地区，再由信风经中美洲输送到太平洋，导致太平洋地区降水增加。这一过程最终造成大西洋表层海水盐度的增加。

如何观测海水盐度

人类对海水盐度的观测史已有 100 多年。但在有卫星观测以前，大部分观测都是借助船舶（包括我国的“雪龙号”科考船）完成的，受船舶航行能力的限制，全球大约四分之一的海域没有盐度观测记录。后来，海洋观测卫星的发射为研究全球海洋盐度的空间分布和实时变化提供了第一手资料。

虽然有了高精度的卫星观测，但海洋综合科学考察仍起着重要作用。这是因为，首先，科考中实际采集的样本可以对卫星资料的准确性进行验证；其次，海洋综合科考是对多个或单个海域进行的，同时包括了洋流、气象、海冰、海洋生物、海洋化学、海洋地质与地球物理等多学科的综合观测，这是单一卫星所难以做到的。

有人说：“每个人的身体里都藏着一片汪洋大海，有时候，只是等待着被唤醒。”无论过去多久，在人们的意识深处，永远都有一片浩瀚无垠的海洋，它的无尽奥秘和独特魅力永远激励着我们去探索、去求证。

卫星助力海洋科考

2019 年 1 月，我国新一代海洋综合科考船“科学号”返回青岛母港。我国科学家在本航次中成功维护升级了我国的西太平洋实时科学观测网，首次实现深海 6000 米大深度数据北斗卫星实时传输。

令人深思的欧洲严冬

海洋这个『大热库』，堪称全球气候系统的『发动机』，它与欧洲严冬又有什么关系呢？

严冬袭击欧洲

2012 年初，严寒和大雪持续袭击欧洲，数百人被冻死。意大利首都罗马本以冬天温暖的阳光而闻名，这次却迎来近 30 年来的首场大雪，市区内的一些地区积雪厚达 20 厘米，包括罗马古斗兽场在内的多处旅游景点受降雪天气影响不得不暂停开放。对 21 世纪以来的冬季地面气温变化进行的卫星观测表明，2012 年冬季，欧洲地区普遍降温 0.2～0.5℃。

对全球气候而言，冬季欧洲地区的降温说明了什么？科学家首先想到的是海。

○ 大雪袭击欧洲南部，法国的森林银装素裹

海洋是个“大热库”

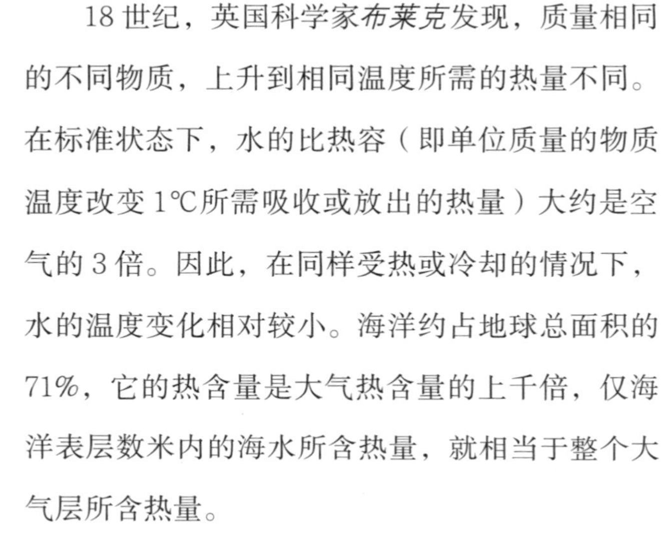

18世纪，英国科学家*布莱克*发现，质量相同的不同物质，上升到相同温度所需的热量不同。在标准状态下，水的比热容（即单位质量的物质温度改变1℃所需吸收或放出的热量）大约是空气的3倍。因此，在同样受热或冷却的情况下，水的温度变化相对较小。海洋约占地球总面积的71%，它的热含量是大气热含量的上千倍，仅海洋表层数米内的海水所含热量，就相当于整个大气层所含热量。

▶ 走近科学巨匠

约瑟夫·布莱克（1728—1799），英国化学家、物理学家。布莱克的主要贡献是阐明了一些物质的化学性质。他最早应用定量的方法来研究二氧化碳，还提出潜热、比热等概念，打下了量热学的基础。

海洋在吸收太阳辐射能后，以海水升温的方式将其储存起来；在日夜和季节的转换中，再将储存的热能释放出来，通过水与空气比热容的差异，影响全球气候变化。海洋这个“大热库”的特性可以被我们直接体验到：在一天之中，白天沿海地区比内陆地区升温慢，夜晚沿海地区比内陆地区降温慢；在一年之中，夏季内陆地区要比沿海地区炎热，到了冬季，内陆地区又比沿海地区寒冷。

气候变化的“发动机”

海洋还通过不同深度的洋流活动，将地球表面不同地区接收到的太阳辐射在全球进行重新分配。打个不是十分恰当的比方，如果将全球气候系统比作一辆汽车，那么太阳能就相当于汽油，而海洋就像是汽车的发动机和传动系统。汽油在发动机中燃烧产生动力，然后动力经过传动系统驱动汽车行进。

近年来，科学家通过对全球海洋的持续观测和计算机模拟分析，基本确定了海洋作为全球气候系统“发动机”的活动规律：在全球风场的驱动下，海洋表层大洋环流将暖水向极地方向输送，将冷水向赤道方向输送，在这些冷暖洋流周围的陆地上形成了不同的气候。

洋流形成的原因是多方面的。首先，大气运动和近地面风带是海洋水体运动的主要动力。盛行风吹拂海面，推动海水随风漂流，并且使上层海水带动下层海水流动，形成规模很大的洋流，这叫“风海流”。对深层海水来说，表面风的影响几乎可以忽略不计，深层的洋流活动主要由温度和盐度的空间分布来驱动。由于海水温度和盐度差异而产生的密度梯度所驱动的大规模深海洋流叫作“热盐环流”。

现代热盐环流最显著的一个特征是在各个洋盆间处于不对称状态。在两极海洋，随着纬度的增高，温度下降造成上层海水急剧冷却，进而使海水密度增大，海水产生剧烈下沉，但这主要发生在北大西洋，在北太平洋发生的这种下沉只能到达大洋中层。

▶ 洋盆亦称“大洋盆地”，是大陆边缘与洋中脊之间的深洋底，与大陆边缘和洋中脊一起构成世界大洋尺度地貌结构的三大基本单元。洋盆底凸凹不平，凸起部分构成海底高地、海岭、海山和平顶海山；凹下的洼地被其上展布的海岭和海底高原等分隔成近百个独立的海盆。

受热盐环流不对称的影响，北大西洋的平均海面温度高于同纬度北太平洋的平均海面温度，导致北大西洋可以向其上方的大气释放更多的热量和水汽。在盛行风的影响下，这就使处于北大西洋东岸的北欧，比同纬度其他地区的气候要温和、宜人得多。

全球热盐环流的循环依赖于海水中温度和盐度的差异，因此，科学家特别担忧的一件事是：目前正在发生的全球变暖会威胁到它的运转。欧洲的严冬，只是一个信号。一旦热盐环流中断，那时候，包括欧洲在内的北半球中高纬度地区都将急剧变冷。

碰撞的洋流

阿根廷海岸附近两股强烈的洋流互相碰撞，激起了大量漂浮的彩色的营养物质和海底微生物。美国航空航天局的 AQUA 卫星于 2010 年 12 月 21 日在巴塔哥尼亚地区附近的大西洋上捕捉到了这个画面。科学家用了 7 个不同的光谱带，显示出了这段海路上不同的浮游生物种群。

向自来水里加点盐

由于多年的高温和干旱，
乌拉圭走向缺水困境，
而巴拿马运河的通行费也水涨船高。

咸水、淡水混着喝

2023年6月，某媒体的一则题为《咸淡水混合，在公园打井》的新闻吸引了全球读者的目光。报道称，乌拉圭这个南美相对富裕的国家正遭遇70年来最严重的干旱，为首都蒙得维的亚上百万人供水的一座重要水库，已经变成一片可以步行穿过的泥泞地。

为了增加饮用水的供应量，水务公司不得不通过提高饮用水盐度标准的临时举措，使来自*拉普拉塔河*河口的咸水与来自水库的淡水组成的饮用水达标，居民因此被迫饮用含盐的自来水。这种自来水的味道咸，氯化物等物质的含量较高。虽然这对大多数人来说没有健康风险，但卫生部门还是建议，孕妇及患有高血压和肾脏疾病的居民限制，甚至完全避免饮用该自来水。

▶ 拉普拉塔河位于阿根廷和乌拉圭两国之间，由巴拉那河与乌拉圭河汇注而成，向东南流入大西洋。

在乌拉圭总统路易斯·拉卡勒·普宣布“首都都市圈进入供水紧急状态”后，工人们开始在首都市中心的公园里打井，为居民提供更多水源。在那段时间里，首都及其周边地区的瓶装水销量猛增了224%。虽然这一举措对供水紧张状态有

所缓解，但仍然难以完全满足居民的用水需求，还导致塑料垃圾数量激增。

高昂的通行费

如果说乌拉圭的干旱只是影响了本国民众的生活，那么，位于赤道附近的巴拿马所发生的干旱则正在影响着地区的政治经济格局，还可能进一步影响全球经济。

► 巴拿马运河是凿通巴拿马地峡，沟通太平洋和大西洋的国际运河。1513年，西班牙探险家巴尔博亚发现巴拿马地峡。1524年，西班牙国王查理五世下令勘测通过巴拿马地峡的运河路线。

我们都知道，*巴拿马运河*是太平洋和大西洋之间重要的航运通道。1881 年，巴拿马运河开凿，1914 年完工，1920 年通航，使太平洋和大西洋沿岸航程缩短 1 万多千米。美国曾拥有对运河区的永久租借权。直到 1999 年底，巴拿马政府才最终获得了对运河的全部主权和管理权。

利用周边多个由降水汇聚而成的淡水库，巴拿马运河通过船闸系统逐节帮助大型货船升降，实现了太平洋与大西洋之间安全省时的水上通航。与乌拉圭一样，巴拿马也正遭受干旱的困扰，水库的水位正在下降。而每次开闸过船时，大量淡水会顺着水道流向大洋。由于水库还承担着附近地区（包括巴拿马城）的供水，因此，为了保证居民的生活用水，政府管理部门不得不在已经实施了几个月的节水措施的基础上，开始对穿越这条全球主要贸易航线的船舶征收附加费，并增加重量限制。

“跨洋走廊”

鉴于巴拿马运河的巨大经济收益，中美洲一些国家也一直在寻找机会从中分一杯羹。2014 年，尼加拉瓜宣布启动耗资数十亿美元的运河工程。虽然遇到一些变故，但如果影响巴拿马运河的干旱进一步持续，未来这个工程一旦建成，就很有可能改变全球的航运格局。

再往北，墨西哥政府也曾宣布一项计划：开发一条横跨墨西哥南部狭窄地峡、连接太平洋和墨西哥湾沿岸港口的货运路线。该计划被称为“特万特佩克地峡跨洋走廊”。

显然，在气候变化日趋加剧的情况下，无论是从经济，还是从安全角度考虑，这些工程上马的可能性都会增加。这些工程一旦完工，将会对巴拿马，乃至全球产生深远的影响：为拉美地区提供新的基础设施和投资机会，推动区域经济发展，同时影响全球贸易流向和贸易版图。

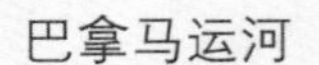

巴拿马运河

巴拿马运河全长约 81.3 千米，沿程建有 3 座船闸。运河起自加勒比海，经一段人工开挖的航道，至加通三级船闸水位升高约 26 米，然后进入加通湖区，通过开挖地峡分水岭形成的加利亚德航道，再经佩德罗·米格尔单级船闸，水位下降约 9.45 米，又过米拉弗洛雷斯双级船闸，水位再降约 16.45 米，达到太平洋海平面，最后经弗拉门科岛进入太平洋。

巴拿马运河鸟瞰图

厄尔尼诺归来

热浪、暴雨、干旱……极端天气、气候事件接踵而至，厄尔尼诺再次归来。

气象灾害频发

2023年，全球范围出现气象灾害不断的情况：东南亚和南亚地区遭遇热浪侵袭，泰国、越南、印度等多地的最高气温达到或超过40℃；欧洲多地遭遇暴雨和洪涝；北美洲国家则经历了异常高温和暴风雪……*世界气象组织（WMO）*在2023年5月发布的报告中指出，“厄尔尼诺现象在今年晚些时候出现的可能性正在增加，并有超过90%的可能持续到北半球的冬季”。7月，世界气象组织宣布热带太平洋7年来首次形成厄尔尼诺条件。11月30日，世界气象组织宣布2023年是有记录以来人类历史上最热的一年。

▶ 世界气象组织（WMO）是协调世界各国气象业务和其他有关活动的政府间国际机构。总部设在瑞士的日内瓦。该组织的前身是1873年成立的非政府组织——国际气象组织。

水温异常的洋流

厄尔尼诺现象是指位于近赤道东太平洋秘鲁沿岸洋流冷水域的水温异常升高的现象。最初，对这样一种周期性出现的海洋现象，科学家并没

有给予很多关注，反倒是靠海为生的渔业及下游产业（如海岛上的鸟粪产业）的从业者，由于一直受到这一现象的影响，因此对其倍加关注。

在工业化肥出现之前，鸟粪是很好的肥料。秘鲁人发现了这个天然宝藏。在一段时间内，秘鲁成了全球最大的鸟粪出口国。

气象科学史上的里程碑

20 世纪 70 年代，美国国家大气研究中心年轻的政治学博士麦克·戈兰兹在走访南美洲国家，调查气候与气候变化对当地社会经济的影响时，敏锐地认识到厄尔尼诺现象对全球社会和经济发展所产生的影响。在随后的数十年里，他积极组织不同国家的研究者、企业家和政策制定者，对厄尔尼诺现象及其所产生的全球性影响进行了分析。

其中，戈兰兹对 1982—1983 年发生的厄尔尼诺现象的研究，成为气象科学史上具有里程碑意义的事件。虽然与随后接连发生的事件相比，这期间的厄尔尼诺现象并不是最强的，但它给全球经济造成了巨大的损失。例如，秘鲁、厄瓜多尔、阿根廷、巴西、巴拉圭等南美诸国连降暴雨，引发史无前例的洪水，造成数万人失踪。与之相反，美国中西部及其大西洋沿岸地区中部、墨西哥等地却发生了大范围的严重干旱。在太平洋彼岸的印度尼西亚、菲律宾、泰国、老挝等东南亚诸国，也发生了自1933年以来最严重的干旱。中国在同期出现了严重洪涝，在当时，黄河水位达到有记录以来的第二高，长江水位在许多监测站中的记录则达到历史最高。

厄尔尼诺现象引起的旱灾

2014年，受厄尔尼诺现象的影响，哥伦比亚遭遇史上最严重的干旱之一。湖泊水位严重下降，地面龟裂，大量牲畜因水源缺乏而死亡，森林火灾危险系数提高。

最令世人震惊的是这次厄尔尼诺现象所引发的非洲南部地区的高温干旱现象。1982 年 12 月到 1983 年 2 月，非洲许多地方的降水量不足常年的一半，造成粮食大幅减产。由于水和食物的匮乏，加之在处理这些问题时采取的不当措施，导致 1984 年非洲大饥荒暴发。

历史上的厄尔尼诺现象

自那时起，科学家针对厄尔尼诺现象进行了大量的科学观测和实验，并试图通过对历史数据的分析，寻找它的发生规律。今天，科学家已经初步认识到，厄尔尼诺现象是一种自然发生的气候现象，它与热带太平洋中部和东部海洋表面温度上升有关。

在过去 300 年里，厄尔尼诺现象每隔 2～7 年会急剧发展，表层水温可比常年偏高 3～6℃，某些海域这种高温现象可持续一年以上。虽然大多数厄尔尼诺现象的强度较弱，但一些强烈事件的发生，在历史上对人类社会的影响却极为深远。例如，有研究者认为，强烈的厄尔尼诺现象导致 1789—1793 年欧洲作物产量大幅度下降，间接触发了法国大革命；而 1876—1877 年间的厄尔尼诺现象所引发的全球极端天气所造成的大饥荒，导致超过 5000 万人丧生。

更大的不确定性

在过去 50 年中，较强的 4 次厄尔尼诺现象分别发生在 1972—1973 年、1982—1983 年、1997—1998 年和 2014—2016 年。

科学家对过去 7000 年精确到月的降水量与温度进行的研究发现，在 21 世纪，厄尔尼诺现象发生的频率与强度有着比以往更大的不确定性。一些科学家推测，这种不确定性可能与大气中二氧化碳浓度增加所导致的全球气候变化有关。如果这个推测是正确的，那么人类活动就将对强厄尔尼诺现象期间发生在全球各地的热带气旋、干旱、森林火灾、洪水等所造成的损失负责。

根据我国国家防灾减灾救灾委员会办公室、应急管理部 2023 年 12 月发布的消息，当前已形成的中等强度厄尔尼诺事件预计将持续到 2024 年春天，厄尔尼诺可能导致全球气温偏高，极端天气趋多趋强，复合灾害发生的风险加大。联想到历史上强厄尔尼诺发生时所造成的影响，科学家又在为厄尔尼诺归来而担忧了。

你可以尝试记录下自己身边发生的可能与厄尔尼诺现象相关的天气、水文或生物现象。你可以这样做：

1. 选定一个观察地点，如小区里的花园、家附近的公园或学校操场。
2. 选定一个特定的观察时间段，如一周或一个月。
3. 针对你观察到的现象做好记录，可以包括天气情况、动植物行为等。
4. 在记录的同时，思考这些现象与厄尔尼诺现象可能存在的关系。
5. 与家人或朋友分享你的发现。

厄尔尼诺影响大气环流

厄尔尼诺现象可以影响热带大气环流，从而对全球热带风暴的形成和路径产生影响。当地时间 2023 年 10 月 19 日，由美国国家海洋和大气管理局提供的卫星图像显示，墨西哥太平洋沿岸的热带风暴“诺玛”可能会进一步加强。

3

向暖而生的它们

为了生存，日本蜜蜂会使用什么"绝技"？

蛙为何能成为人类监测环境变化的天然"哨兵"？

原来海洋中也有美丽的"热带雨林"？

面对特殊气候环境和全球变暖，生物展现出了惊人的适应性。为了生存，它们不断地进化或调整自己的生活方式和行为模式。

沙丘中的集水工程师

一只身长几厘米的小甲虫，背负着解决人类用水难题的答案。虫子虽小，却有大智慧。

小甲虫的“长征”

在炽热的阳光照射下，一望无际的沙漠犹如一片黄色海洋，而连绵不断的沙丘是这片海洋的波涛。置身在那些高达300多米的沙丘下，人们会对大自然顿生敬畏。

白天，在燥热的沙漠中，人们很难看到活物。而当夜幕降临，温度迅速下降，你就可能会发现生物活动的踪迹。

一只黑色的*甲虫*不知从何处而来，正向着沙丘的顶部奋力爬去。数百米的距离对一只身长几厘米的小甲虫而言异常遥远。那么，这只小甲虫努力登顶的原因是什么呢？

▶ 地球上约40%的昆虫都是甲虫。甲虫的物种数量约占动物物种总数的25%。

甲虫攀登的同时，夜色越来越浓，沙漠中的气温下降得更快了。你如果在月色下仔细观察，会发现一层轻雾正在地面上弥漫开来。随着夜色加深，雾气变得愈加浓厚，我们的主人公也终于成功登顶。

此时，只见它的背部突然开始出现一些细小的水珠，这些水珠越聚越多，慢慢形成一颗大水珠。最后，大水珠沿着甲虫的弓形后背上的凹槽滚入它张开的嘴中。至此，我们才恍然大悟，也

○ 小甲虫奋力攀登

明白了甲虫奋力登顶的原因：为了在干燥的沙漠中获取维持生命的水分！

上面这个场景并不是虚构的，每天晚上都会在非洲著名的纳米布沙漠上演，这只小甲虫就是纳米布沙漠甲虫。

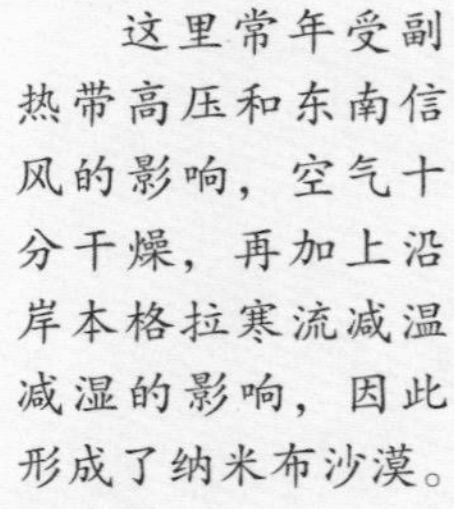

这里常年受副热带高压和东南信风的影响，空气十分干燥，再加上沿岸本格拉寒流减温减湿的影响，因此形成了纳米布沙漠。

古老沙漠中的神奇生命

纳米布沙漠位于非洲西南部的大西洋沿岸，是世界上最古老、最干燥的沙漠之一。在当地语

纳米布沙漠的星形沙丘

▶ 新月形沙丘上有2个“角”，它们指向风的方向。

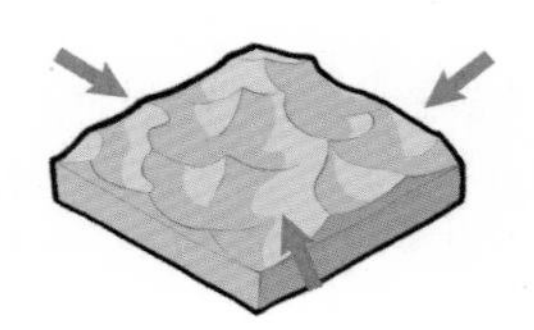

▶ 星形沙丘是在风向多变时形成的沙丘，形状通常不规则。

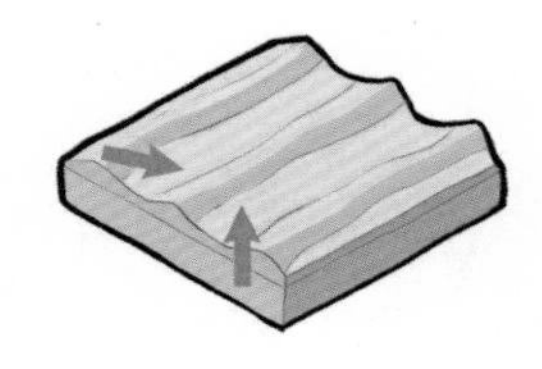

▶ 线形沙丘是向一个方向弯曲延伸的沙丘。

○ 纳米布沙漠的部分沙丘类型（图中箭头所指的方向为风向）

中，“纳米布”是“遥远的干燥平地”的意思。在干燥热风上亿年的吹蚀下，非洲大西洋海岸的岩石风化为细沙和粉尘，然后逐渐形成了这一片无垠的沙海。这里的气候极为干燥，年降水量一般不足50毫米。降雨也常常是以暴风雨的形式骤然降临，更多的情况下是全年无雨。

大自然充满了神奇，在这样一片干燥的沙漠中，竟然还有生命存在。这里每隔一段时间，夜间就会有雾霭吹入海岸，有时可以深入内陆几十千米。海雾会凝结成露水，为当地特有的无脊椎动物、爬行动物和哺乳动物提供了独特的生存环境。其中，一种被称为“纳米布沙漠甲虫”的昆虫受到科学家的关注。

生命离不开水。纳米布沙漠甲虫所吃的食物中只含有很少的水

分，它们的身体结构也不允许它们跑到很远的地方寻找水源。为什么这些甲虫能在沙漠中自由自在地生活呢？

研究表明，纳米布沙漠甲虫是生命适应地球自然环境的奇妙代表。

为什么纳米布沙漠易形成浓雾

本格拉寒流经过会形成稳定的逆温层，不利于大气的上升运动，水汽难以向上输送；同时，受副热带高气压带影响，盛行下沉气流，风力小，水汽不易扩散。所以，纳米布沙漠易形成浓雾。

逆温层是指大气对流层中具有气温随高度增加而升高或保持不变现象的大气层次。通常情况下，温度随高度增加而降低。但由于受气候和地形条件的影响，有时会出现气温随高度增加而升高或保持不变的现象。

千万年锻造超级凹槽

与世界上其他沙漠不同，尽管纳米布沙漠常年不下雨，它却是世界上雾最多的沙漠之一。在晚上，沙漠近地面温度迅速下降。当大西洋饱含水汽的热浪冲向纳米布沙漠时，湿热空气在近地面就会遇冷凝成雾。

按物理学原理，空气中的水汽可以在温度比较低的物体表面*凝结*成水珠。每当夜晚来临，纳米布沙漠甲虫便努力向沙丘的最高点攀登，以便迎接更多水汽；与此同时，它们的体温也已经降到了气温以下，水珠便在甲虫背上逐渐形成。

► 凝结是温度降低或压强升高时，物质从气态转变为液态的现象，又称液化。

特别奇妙的是，纳米布沙漠甲虫经过长期的进化，在它们的鞘翅上形成了一种超级亲水的纹理，同时其背部还生成了一种凹槽。雾中的微小水珠在它们的身上凝聚，然后顺着凹槽流下，最后一滴滴流入纳米布沙漠甲虫的口中。研究发现，在气温、湿度以及甲虫的体温都特别合适的情况下，这些甲虫在一夜之间甚至能喝到相当于它们体重约 40% 重量的水！

“死胡同沼泽”

索苏斯盐沼是纳米布沙漠的沙丘汇集之地。在南非语中，“索苏斯盐沼”意为“死胡同沼泽”。索苏斯盐沼拥有世界上知名的红色沙丘——“大爸爸沙丘”（高约 324 米）。从沙丘上还能俯瞰另一处奇景：死亡谷，它在南非语里意为“死亡沼泽”。死亡谷曾经河水泛滥，但现在这里只剩下约 900 年前骆驼刺的枯木，由于当地气候极度干燥，所以这些枯木不会腐烂。

○ 死亡谷的骆驼刺

令人豁然开朗的甲虫

过去，在沙漠和其他干旱地区，为解决水资源短缺问题而使用的从空气里收集水的系统通常需要大量电能，因为它们需要运转冷凝设备。非洲纳米布沙漠甲虫所特有的集水功能启发了科学家。利用地表空气和凉爽的地下环境之间的温差，科学家已经发明出从干旱空气中收集水分的装置。利用这些装置，不管空气多么干燥，只要包含水分子，就能通过把空气温度降低到冷凝点的方法，提取出水分。初步实验表明，新装置一晚就能从每立方米干旱沙漠的空气中收集到十几毫升水。

像纳米布沙漠甲虫这样，进化到能够适应它所处的恶劣生态环境，过程一般都会非常缓慢，可能需要上万年甚至更长的时间。在自然界中，生物为了生存不断进化，去适应气候变暖，但如果外界环境变化的压力非常大，则可能给它们带来毁灭性的打击。

仿生捕雾网

智利的一位物理学教授发明了一种捕雾网。这款捕雾网的网眼直径小于 1 毫米。捕雾网可以把雾气中的水分聚集到捕雾网下方的水箱里。

日本蜜蜂大战金环胡蜂

面对凶猛的入侵者，

蜜蜂可以直面对手，为生存而战。

但面对气候变化，它们能做些什么呢？

“悍匪”入侵

金环胡蜂是全世界体形最大的胡蜂。虽然各地的金环胡蜂体色差异很大：有些是暗棕色的，有些带有明显的黄色纹路……但它们有一个共同的特点——尾部尖端为黄色。

金环胡蜂是亚洲地区最危险的昆虫之一，不但有相当多伤人的案例，更时常会袭击蜜蜂的蜂巢，对养蜂业威胁很大。通常情况下，数只金环胡蜂会同时进攻一个蜂巢，通过联合进攻，将进行防御的蜜蜂一只只咬死。有数据显示，一只金环胡蜂每分钟能杀死多达 40 只蜜蜂。而金环胡蜂“外壳”坚韧，蜜蜂难以刺穿它们的体表。因此，数十只金环胡蜂在几小时内就能攻陷有成千上万只蜜蜂栖居的蜂巢。当它们攻入蜂巢内部咬死大批蜜蜂成虫后，还会抓取蜜蜂幼虫，将它们带回自家的蜂巢，喂食自己的幼虫。

抗敌有奇招

▶ 通常情况下，一个蜂群由一只蜂王、少数雄蜂和大量工蜂组成，成员们各司其职，共同生活。

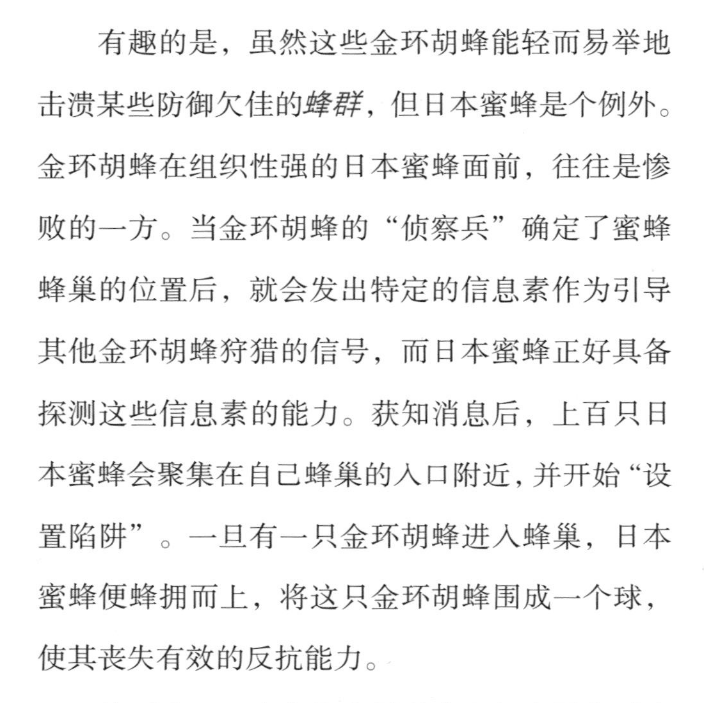

有趣的是，虽然这些金环胡蜂能轻而易举地击溃某些防御欠佳的*蜂群*，但日本蜜蜂是个例外。金环胡蜂在组织性强的日本蜜蜂面前，往往是惨败的一方。当金环胡蜂的“侦察兵”确定了蜜蜂蜂巢的位置后，就会发出特定的信息素作为引导其他金环胡蜂狩猎的信号，而日本蜜蜂正好具备探测这些信息素的能力。获知消息后，上百只日本蜜蜂会聚集在自己蜂巢的入口附近，并开始“设置陷阱”。一旦有一只金环胡蜂进入蜂巢，日本蜜蜂便蜂拥而上，将这只金环胡蜂围成一个球，使其丧失有效的反抗能力。

接下来，日本蜜蜂会展现出它们在严寒时为蜂巢加热的“绝技”——一起剧烈地振动飞行肌。这一行为能使“蜂球”的温度快速升高，同时大幅提高“蜂球”周围及内部二氧化碳的浓度。这个高温“蜂球”成了防御金环胡蜂的“秘密武器”。在高浓度二氧化碳的环境中，日本蜜蜂可以忍受50℃的高温，但这个温度对金环胡蜂来说却是致命的！

蜜蜂危机

日本蜜蜂为了生存，进化出应对金环胡蜂的有效方法。然而，随着由人类活动所引发的全球气候变暖日趋显著，包括日本蜜蜂在内的许多蜜蜂物种正在面临灭绝的严重威胁。

*政府间气候变化专门委员会（IPCC）*指出，伴随全球气候变化和全球土地利用的改变，蜜蜂、蝴蝶和其他能够为植物传粉的许多昆虫的栖息地正在消失。与日本蜜蜂可以通过长期进化找到应对金环胡蜂的方法所不同的是，现在，很多蜜蜂面临的是人类活动造成的长期的、持续的危害，单靠自身的力量实在难以应付。如果所处的已被破坏的栖息地距离适宜的新领地过于遥远，那么这些蜜蜂就将走向灭绝！

▶ 政府间气候变化专门委员会（IPCC）是世界气象组织和联合国环境规划署于1988年11月共同建立的政府间机构。它面向整个国际社会，提供和气候变化有关的科学、技术和社会经济的咨询和评估意见。

国家授粉战略

在自然环境下，开花植物都是通过花粉传播

实现生存繁衍的，在这个过程中，昆虫承担了大部分的授粉工作。蜜蜂种群的健康发展，对整个自然界，乃至人类的生存至关重要。挽救蜜蜂，实际上就是在挽救我们人类自己。为此，一些国家相继提出了以保护蜜蜂为主要任务的“国家授粉战略”。这个战略包括确保蜜蜂丰富多样的食物来源，帮助农民降低对化学杀虫剂的依赖，以减少对蜜蜂和蜜蜂栖息地的危害等。希望蜜蜂不会因为人类活动而不得不面对“生存还是毁灭”的选择。

○ 部分蜜蜂在不停地飞舞着向同伴传递信息

蜜蜂为什么爱跳舞

蜜蜂的饲料主要为蜂蜜和花粉。花粉是蜜蜂所需蛋白质的主要来源。蜜蜂的足具有适于采集活动的特殊构造，蜜蜂用前、中足刷下黏附于全身绒毛上的花粉，再通过后足的一系列运动，把花粉累积在花粉篮内形成花粉团，将其飞携回巢，涂上蜂蜜和唾液后贮存于工蜂房内，即成为“蜂粮”。

蜜蜂在蜂巢里一般是处于黑暗中的，依靠触觉、气味、声波和一些本能行为来传递信息。当工蜂找到新的蜜源后，会将消息通过不同的飞动方式告诉其他蜜蜂，这就是蜂舞。据研究，圆舞表示附近有蜜源；摆尾舞传递的是蜜源的距离和方向。

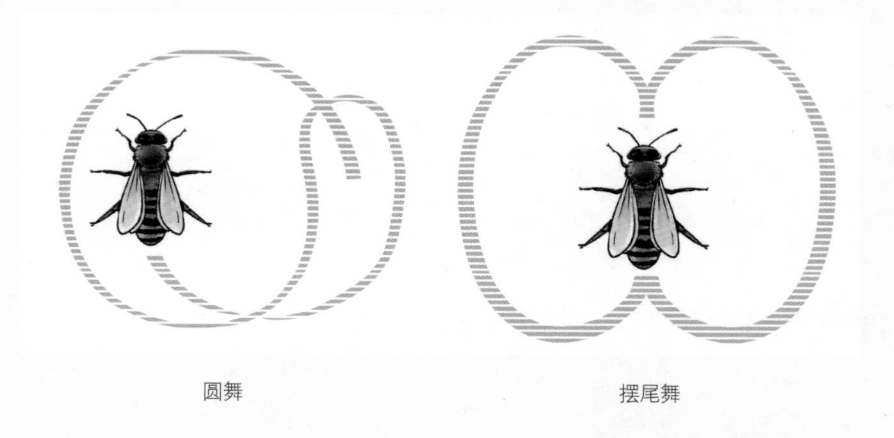

圆舞　　摆尾舞

德国动物学家、行为生态学创始人卡尔·冯·弗里希发现采集蜂在回巢时，会以“8字摆尾舞”的方式运动，从而向其他蜜蜂传递蜜源的信息。1973年，由于在蜜蜂个体和社会行为的构成和激发方面的重大贡献，他获得了诺贝尔奖。

温水里的蛙

对动物而言，它是食物链中的重要一环；对人类而言，它不仅是『灭虫专家』，还是监测环境的『天然哨兵』。

从恐龙时代走来的“哨兵”

蛙是一种古老、分布广泛、种类繁多、为人们所熟知的两栖动物，在恐龙生活的时代就已出现！除了极端寒冷的南极洲，从茂密的热带雨林到炎热的沙漠，在地球上的大多数生态环境中，都已发现蛙的行踪。目前，科学家已发现的蛙的种类超过 4400 种，并还在不断发现新的蛙品种。在研究过程中，蛙的变态发育是科学家非常感兴趣的一个方面。

○ 蛙的变态过程

蛙一生有两个非常不同的形态。绝大部分蛙是卵生动物，通过体外受精繁殖，受精卵在母体外孵化成蝌蚪。蝌蚪是蛙的幼体阶段，头两侧有鳃，具备呼吸功能，是纯粹的水生动物。蝌蚪发育到一定时期，会先长出后肢，末端分化出5个趾；前肢在鳃盖腔内或附近部位发育，变态后期才伸出体外；而随着尾部逐渐萎缩，呼吸器官和消化器官也会发生变化，进而逐渐发育成能在陆地上生活的幼小成体，就是我们通常所见到的蛙类。蛙主要用肺呼吸，兼用皮肤呼吸。

用皮肤呼吸，你可能觉得不可思议，其实很多动物有这种“绝技”，如弹涂鱼、蚯蚓等。

蛙对生态平衡和人类而言具有重要意义。第一，蛙捕食蚊子等小动物，而蛙又是鸟类和蛇类的食物，因此，作为食物链的中间环节，蛙数量的改变会引起一系列连锁反应。第二，近年来，许多蛙被发现可以用于制药。例如，有科学家已经从毒蛙体液中分离出一种比吗啡止痛能力强几百倍的新型镇痛剂。第三，蛙还是人类监测自然环境变化的“天然哨兵”。蛙一生要经历水陆两栖生活，这使得它们对环境拥有极强的适应能力。另外，蛙具有呼吸作用的皮肤又对环境改变极为敏感。

种群锐减

与全球范围内蜜蜂种群锐减类似，全世界已有几百种蛙的数量大幅度下降。1989 年，1000 多名来自各国的科学家和代表参加了在英国坎特伯雷举行的首届世界两栖爬行动物学大会。会上，蛙种群数量下降的问题第一次被重点关注。通过相互交流，各国科学家发现蛙种群数量下降已是一个全球性问题，其主要原因除了林业、农业和道路发展对蛙栖息地的破坏，还包括人为排放（包括除草剂和杀虫剂的广泛使用）对河流和池塘水造成的污染、大量捕食、紫外辐射的增加、外来物种入侵、各类疾病增多，以及近年来不断加剧的全球气候变化等。

今天，一些科学家在描述“人类应对全球气候变化”时，经常会借用“温水煮青蛙”这个俗语——如果将一只青蛙放置在冰冷的水里，然后慢慢加热，它就不会立即察觉到危险。当然，这个说法的科学性值得商榷。

> 与变温动物对应的是恒温动物。恒温动物具有完善的体温调节机制，能在环境温度变化的情况下保持体温相对恒定。

蛙是变温动物，体温会随着环境温度的变化而改变。冬天，气温下降到一定程度后，蛙就会

○ 由于持续干旱，德国易北河的水位持续下降，
一只蛙似乎正在河边遥望自己不甚明朗的未来

钻进泥土里，不吃不动，进入冬眠状态，等到第二年春天温度回升时才会外出活动。这就是在寒冷的冬天我们听不到蛙叫的原因。由于蛙的繁殖时间受温度、湿度等环境因素影响极为显著，因此随着全球变暖，蛙的繁殖季节也发生了改变，许多种类的蛙的繁殖期提前；而当天气突然变冷时，刚出生的蝌蚪又会因难以适应寒冷的气候而大量死亡。

水多水少都不行

全球气候变化所引发的极端天气、气候异常事件增多，强降水、持续干旱都可能对蛙的生长产生微妙的影响，其中包括因免疫功能下降导致的病原体暴发和死亡率升高等。

在极端干旱的年份，池塘水位下降，蛙的胚胎更多地暴露在紫外辐射下，这增加了胚胎死亡率，也提升了蛙类患水霉等疾病的可能性。同时，因全球变暖而导致的海平面上升，淹没了许多地区的滨海湿地，加速了这些蛙原有栖息地的消亡。

无独有偶，不但陆地生物正在全球气候变化的威胁下进入灭绝的加速道，生活在海洋中的生物也不能幸免！

海洋中的『热带雨林』

一个个美丽珍贵的海中野生王国，

一道道海岸的天然屏障，

正在慢慢消失……

世界最大的珊瑚礁

澳大利亚大堡礁是世界七大自然景观之一，由澳大利亚东北岸外的约3000个大小珊瑚岛礁组成，南北绵延2000多千米，最宽处240千米，最窄处仅19.2千米，分布面积约为20.7万平方千米。1981年，联合国教科文组织将这个被称为“海洋生物天堂”的世界上最大、最美的珊瑚礁群，列入了《世界自然遗产名录》。

大堡礁面积广阔，礁体坚硬，同世界上其他地区的珊瑚礁一样，也是珊瑚虫经过一代代新陈代谢、生长繁衍后的产物。珊瑚虫是一种海洋腔肠生物，主要以海洋中细小的浮游生物为食。我们日常所见的珊瑚是珊瑚虫在生长过程中不断吸收海水中的钙和二氧化碳所分泌出的外壳。珊瑚虫喜欢聚居，在幼虫阶段就会自动固定在先辈

动物主要类群

腔肠、扁形动物
线形、环节动物
软体、节肢动物
鱼
两栖、爬行动物
鸟
哺乳动物

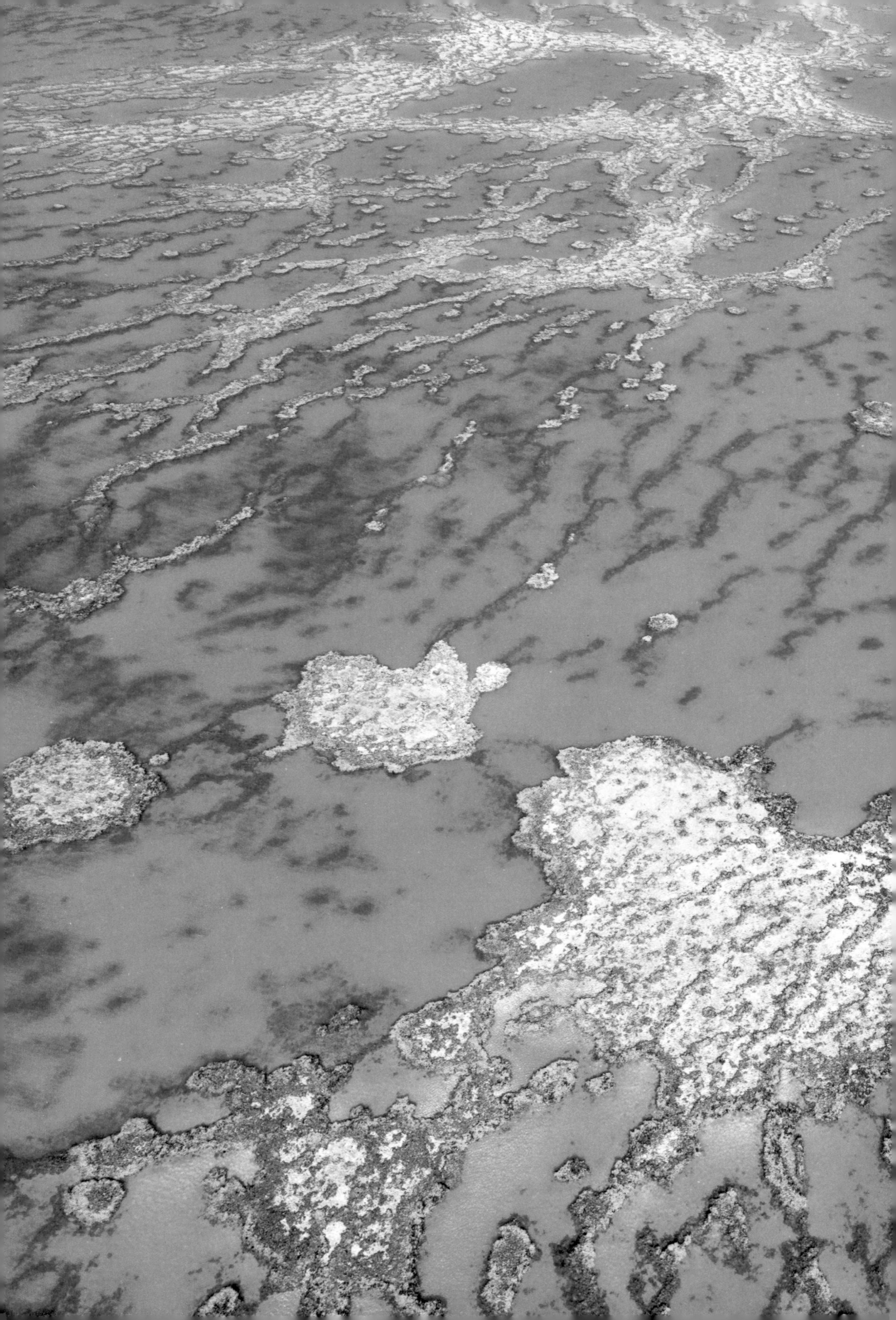

澳大利亚大堡礁

大堡礁的地层厚度可达 400 米，在 60 万年前开始发育。大堡礁所在水域，受到东澳大利亚暖流和南太平洋赤道暖流的影响，水温常年维持在 22～28℃之间，加上海水较浅，极有利于珊瑚虫和其他海洋生物的发育、繁衍。

珊瑚的石灰质遗骨堆上。大量珊瑚虫被不断分泌出的角质或石灰质骨骼黏合在一起，经过长期的压实、石化，最后形成礁石，乃至岛屿。

可观可用

自古以来，鲜艳美丽的珊瑚备受推崇并被广泛使用：公元前 5 世纪的印度文献中已有人类佩戴红珊瑚的记载；古罗马人和古波斯人将红珊瑚作为护身符；红珊瑚项链曾是英国、法国皇室的流行饰品；中国人的祖先在几千年前的新石器时代就已使用红珊瑚来装扮自己。很多时候，珊瑚是幸福与永恒的象征。

除了作为高档饰品，中国古代医学家还注意到珊瑚的药用价值。明代著名医药学家李时珍在*《本草纲目》*中就注明珊瑚有明目、止血、除宿血的功效。由于珊瑚无法自主移动，为免受天敌的侵害，长期以来，它们演化出多种用于防御和保护自己的化学物质，这些物质为新药物的开发提供了重要资源。

► **了解科学元典**

《本草纲目》是中国古代药学史上部头最大、内容最丰富的药学巨著，由明代李时珍撰写，收药达 1892 种。

地球卫士

珊瑚和珊瑚礁在自然界中的作用远远大于它们对人类的贡献。

首先，珊瑚礁是地球上生物多样性最丰富的生态系统之一，为众多不同种类的动物提供了庇护所，其功能足以媲美陆地上的热带雨林，因此被誉为“海洋热带雨林”。

其次，大多数珊瑚礁形成于温暖的浅海，经过千百万年的缓慢生长，呈现出堡礁、岸礁或环礁等不同类型。这些珊瑚礁大幅减缓了海浪对海岸的冲击，为沿海地区人类的生产与生活提供了天然屏障。

最为重要的是，珊瑚虫通过吸取海洋中的二氧化碳，在为自己构造坚硬的石灰质外壳的同时，起到了控制海洋中二氧化碳含量的重要作用。如果没有珊瑚，海洋中的二氧化碳含量将大幅上升，并将对地球上的生物产生重大影响。近年来，全球珊瑚礁生态系统正面临严重威胁。到20世纪末，全球气候变化、对珊瑚资源的采集和来自陆地的污染等，已使全球珊瑚礁面积大大减少。

世界知名的珊瑚礁有澳大利亚大堡礁、中美洲大堡礁系统、佛罗里达礁岛群、中沙大环礁等。

迷人的珊瑚礁

珊瑚礁是热带、亚热带海洋中的一种石灰质岩礁，主要由造礁珊瑚的石灰质遗骸和钙藻、贝壳等长期聚结而成。造礁珊瑚生长于大陆、岛屿沿岸和海底山岭顶部水深约 40 米的海区内。按形态，珊瑚礁可分为点礁、岸礁、堡礁、环礁和某些过渡类型。

海洋变“酸”了

近些年，大气中由人类活动所产生的二氧化碳的含量在快速增加，海洋每年要吸收更多的二氧化碳，这导致海水的 *pH 值*在下降（科学界称之为“海洋酸化”），也进一步影响了珊瑚的钙化速度。数百万年来，地球上的珊瑚曾历经多次大灭绝，每次都与海水吸收过多的二氧化碳并最终导致海洋酸化有关。专家估计，全球珊瑚礁面积在未来的 10～30 年内将再损失 30%。

► pH 值也称“氢离子浓度指数”“酸碱值”，是通常意义上溶液酸碱程度的衡量标准。

珊瑚礁所面临的由海洋吸收过多二氧化碳而引发的威胁，究其原因可知，人类无节制的行为是造成这一结果的关键。科学界对全球气候变化所带来的影响进行过多次评估，其中，生物多样性的快速降低被列为最危险等级。蜜蜂、蛙和珊瑚等生物的快速灭绝所造成的影响，对人类而言，可能将是一场不可想象的灾难。

『忧患潜从物外知』

花开花落、草木枯荣……

这是大自然在用自己的语言，

讲述生命的神奇。

大自然的语言——物候学

注意到自然界的动植物在生存、生长和进化过程中对气候变化的敏感性，现代科学专门开辟了一门研究自然现象与季节关系的学科——物候学。物候是自然界中生物和非生物受外界环境因素影响出现季节性变化的现象。生物现象包括植物的萌芽、发叶、开花、结实、叶黄和叶落，动物的蛰眠、复苏、始鸣、繁育和迁徙等；非生物现象包括凝霜、降雪、结冰、冰融、土壤结冻和解冻、闪电和雷鸣等。

用一个形象的比喻来解释，物候就像一台测量气候变化的“活”的仪器，不同于气象观测中常用的可以测量单一指标的温度计、湿度计，这台仪器所反映的是环境与生物相互作用的综合性结果。

物候观测

虽然动植物的生长和发育在很大程度上受制

○ 植物随着季节变换自己的“外衣”

依据不同动植物的生长、发育和活动的变化节律进行生产活动的时间制度称为“物候历”。在二十四节气发明之前，我们的祖先最初使用的就是“物候历”。

于气候条件，但是一方面，生物现象是在繁多复杂的环境条件下产生的；另一方面，生物最大的特点是在对环境适应的同时，还会进化发展。因此，简单看一种生物或一个地点的生物变化是不能推导出气候因素在其中所起的作用的。只有对相当大范围的环境条件，以及过去和现在的各种环境因素进行综合科学观测，才可能建立起物候现象与环境因素相互关系的科学指标，实现环境因素与动植物相互影响总体效果的科学评估。因此，物候观察研究已经从简单的现象记录，发展成为一项长期、严谨的科学活动。

对物候的观测在我国早就开始了。作为一个农业古国，先人不但早就认识和总结出了植物生长受季节变化影响的规律，更是将这些规律用于指导农业生产和文化活动。在著名气象学家、地理学家*竺可桢*先生的倡导下，中国科学院在1963年专门建立了多学科、跨行业、跨地域的“中国物候观测网”。目前，这个观测网在全国已拥有26个自然物候观测站和4个观赏性花木观测基地，观测对象包含35种共同观测植物、127种地方性观测植物、12种动物、4种农作物和12种气象水文现象。

► **走近科学巨匠**

竺可桢（1890—1974），中国气象学家、地理学家、科学史家和教育家，中国气象事业主要奠基人。20世纪20年代，竺可桢创建气象研究所，致力于推进中国气象科学的研究和发展。

春季提前到来

全球气候变化对自然生态环境的影响是全球科学界高度关注的一个热点。依托中国物候观测网，中国科学院的科研人员就植物物候对全球气候变化的响应机制和时空变化特征、物候变化的生态影响、未来物候变化情景预测等展开了深入研究。以霜冻为例，霜冻是农业气象灾害之一。出现霜冻时不一定伴有白霜。春霜冻对春播作物、蔬菜的影响和秋霜冻对棉花、玉米、水稻结实的影响都很大。他们发现，在过去的几十年里，我国东北地区和华北地区的始花期快速提前，而春季霜冻日数显著减少，*终霜冻日*显著提前，两个地区都出现了霜冻风险降低的趋势。

▶ 秋季开始发生霜冻的第一日，被称为“初霜冻日”；翌年春季最后发生霜冻的一日，被称为“终霜冻日”。

科学家还发现，我国的春季物候仍将继续提前，平均趋势为每10年提前1～2天。这对某些产业而言，无疑是利好消息。随着人民生活水平提高，春季赏花、秋季赏叶已成为许多城市的旅游热门项目，花期的提前和叶变色期的延长，对旅游业来说意义重大。

霜降

每年10月23日或24日是二十四节气之一的霜降。《月令七十二候集解》中写道："气肃而凝，露结为霜矣。"每年初霜期与南下冷空气的路径和强度有关，常在强冷空气侵入后出现。在我国，黄河流域常在10月中下旬出现初霜，长江中下游则延至11月中下旬，南岭以南部分地区要到12月下旬才可能见霜。

潜在之忧

当我们为一些产业在全球气候变化中受益而高兴时，更要关注那些因气候变化而承受不利影响的地区和行业。政府间气候变化专门委员会（IPCC）指出，虽然地球的平均温度在20世纪升高了0.6℃，但这个数值是依据所有季节和所有地区（包括寒冷的两极地区和炎热的热带地区）的情况得来的，不能反映特定地区的温度变化。地球上可能有很大一部分地区，包括中国的许多地区，会因全球气候变暖而承受负面后果。

“千家笑语漏迟迟，忧患潜从物外知。”清代诗人黄景仁《癸巳除夕偶成》中的诗句，放在当前全球气候变化造成物候改变的情境下，尤为妥切，引人深思。

如何观测物候

物候观测主要以人工肉眼（辅以望远镜）观测为主。观测员按照“定点、定时、定株”的原则，按照统一的观测标准进行物候观测并记录。近年来，新技术为传统物候观测带来活力，出现了采用自动拍照和数据网络传输的新观测技术。

目前，中国物候观测网正在着手布置新的物候观测系统。该系统主要包括野外环境监测系统、光谱采集系统、图像和数据采集和控制系统、数据传输和处理系统等。

○ 农民根据物候变化进行耕种

像气候学家一样思考

物候变化是气候学家关注的一个焦点。在面对物候变化时，气候学家是如何思考的呢？首先，他们会以长期视角去观察和分析这种变化。通过对比历史数据和现代观测结果，他们可以发现气候变化的趋势和规律。其次，他们会运用系统分析的方法，从多个角度去理解物候变化的原因和影响。这种系统性的思考方式，可以帮助他们更全面地了解气候系统的复杂性和多变性。最后，他们会通过深入解读数据，寻找气候变化的内在逻辑和机制。这样，他们就可以预测未来的气候状况，为我们的生活和生态环境保护提供重要参考。

气候变化的味道

为什么阿萨姆茶的口味变淡了？

为什么一场降雨竟会令全球咖啡豆的价格狂跌？

土豆如何成为大饥荒的“始作俑者”？

食物是人类生存和发展的基本物质，而在全球气候变化日趋显著的今天，昔日美味的食物正渐渐掺入了“气候变化的味道”……

一杯茶里的『气象万千』

茶被誉为世界三大饮料作物之一。
它的许多方面，
都与气候密切相关。

悠久的茶历史

被誉为世界三大饮料作物的咖啡、茶和可可，其原料品质都与气候条件密切相关。其中，茶的种植历史长、分布范围广，受气候变化的影响显著，从制作方法、品种、质量、口味，到不同茶的最佳品味时间，都与气候密切相关。

古代茶事文献和近年植物学调查资料证明，茶树原产于中国。虽然在中国，茶树栽培的起源时间难以考证，但有文字记录表明，茶树在商周时期已是农业栽培作物。唐代陆羽在《茶经》中写道："茶者，南方之嘉木也。"指出茶树的产地是中国南方地区。

► **了解科学元典**

我国有一"茶圣"，是唐代著名茶学家陆羽。陆羽撰写了《茶经》，这是世界上第一部茶叶专著。

作为源于亚热带的植物，虽然茶树具有喜温暖、湿润、微酸性土壤、散射光的特性，但经过人工栽培后，其适应范围已经远远超出原始生长地区。目前，全球有东亚、东南亚、南亚、西亚、东非和南美6个主要茶叶产区，多达50个国家(地区)产茶。这些国家或地区的茶树栽培，有的是直接从我国获得苗种与栽培技术，有的是间接从我国移栽传入，其种植历史与我国相差数千年。

极度敏感的茶

在特定的纬度和土壤条件下，茶树对某些气候条件极为敏感，特别是气温和降雨量。除此之外，日照天数、紫外线辐射强度、潮湿天气引发的病虫害、强降雨造成的土壤侵蚀及湿度变化等，对茶

○ 湖北恩施鹤峰木耳山茶园

叶的产量和质量都会产生重要影响。例如，在茶树年生长周期内，适宜的降水会使茶叶产量升高并趋于稳定，而干旱则会使茶叶产量变低。从植物学角度来看，茶树是*碳 -3 植物*。碳 -3 植物的光呼吸功能强、二氧化碳补偿点高、光合效率低，因此，地球大气中二氧化碳的增加将有利于碳 -3 植物的生长。

▶ 碳 -3 植物是指那些在光合作用中，固定二氧化碳的最初产物是三碳化合物 3-磷酸甘油酸的植物。

明前茶提前“露脸”

对中国而言，气候变暖对茶叶产生的影响主要体现在种植区的纬度和海拔两个方面：一方面是种植纬度向北移动，例如，山东的茶叶种植面积增加，品质也变得更好；另一方面，茶叶种植区从低海拔向高海拔扩展。气候变暖在给我国茶产业带来茶叶种植面积扩大和产量上升的影响的同时，还让茶叶的采摘期一年比一年提前。例如，以前较为珍贵的*明前茶*，未来也许早早就能“露脸”了。

► 明前茶就是在清明节前采制的茶叶。由于清明前气温普遍较低，茶发芽数量有限，生长速度较慢，能达到采摘标准的产量很少，因此有“明前茶，贵如金”之说。

口味变淡了

然而，地处热带的印度阿萨姆邦的茶产业正遭受气候变化带来的负面影响，如茶叶产量下降、品质退化等。位于印度东北部的阿萨姆邦，是印度的主要茶叶产区。这里出产的阿萨姆茶以其浓烈、稠厚的口感著称，而阿萨姆邦也是在西方国家广受青睐的红茶和英式风味茶叶的重要出产地。

但是，阿萨姆邦当地茶农发现，不断升高的气温不但让茶叶产量下降，而且使茶叶出现了令人担忧的变化——原本味道浓郁的阿萨姆茶口味变淡了！由此，茶农担心，气温、降雨时间和空间分布的变化，对茶叶产量和品质的影响会继续恶化下去。印度有几百万人口从事茶叶种植加工产业，其中大部分人的生活刚刚因茶脱离贫困线，因此，如何培育能适应气候变化的高产量、高质量的茶叶品种，对当地的国计民生来说至关重要。

茶文化对人类历史进程的影响是多方面的。全球茶叶生产者要想培育出能更好抵御气候变化的品种，保证这个行业在气候变化背景下的可持续发展，路还很长呢。

喝咖啡也要看天气

全球变暖，

让咖啡树的未来危机重重，

我们还能品尝到香醇的咖啡吗？

源自非洲的神奇饮料

在植物饮料中，咖啡的消费量高居榜首。有专家预测，2022 年至 2023 年，世界咖啡产量超过 1.7 亿包（60 千克 / 包）。咖啡豆的全球交易量非常大，属于大宗物资。咖啡价格的涨跌，不仅影响着全球数亿人每天早上的精神状态，还与许多咖啡生产国的政治、经济和社会稳定息息相关。

咖啡的功能何时被人们发现，只能在传说中找到。历史学家认为，咖啡源自埃塞俄比亚高地。相传公元 900 年左右，一位牧羊人发现羊群在吃了一种植物的果实后，变得异常有活力，于是便采摘了一些成熟的果实。食用这种果实后，他也感觉神清气爽，由此发现了咖啡。

阿拉比卡咖啡就是由埃塞俄比亚最早发现的咖啡品种发展而来的，是目前世界上较受欢迎的咖啡品种之一，其产量在全球咖啡产量中占有很大比重。

○ 某种咖啡的红色果实

稀少的“猫屎咖啡”

有一种看名字就很有“味道”的咖啡——“猫屎咖啡”，它产自印度尼西亚，是世界上稀少且昂贵的咖啡品种之一。为什么叫“猫屎咖啡”呢?这就让人不得不赞叹大自然的神奇了。原来，在印度尼西亚的热带雨林中，有一种灵猫科动物——*椰子狸*。椰子狸是杂食性动物，常食用咖啡鲜果。当地人发现，在椰子狸采食咖啡鲜果后，会消化掉咖啡果的果皮和果肉，并通过粪便将无法消化的咖啡豆排出体外。人们将这些咖啡豆加工处理后，制作出的咖啡有着特殊的口感和香味。

▶ 椰子狸有很多名字，如麝香猫、椰子猫、棕榈猫、花果狸等俗名，椰子狸是它正式的中文学名。

○ 椰子狸

科学家发现，椰子狸消化系统中的酶分解了咖啡豆中的部分蛋白质，使得咖啡的苦味大大减少。而今天，这种独一无二的咖啡正面临灭绝的危险。在印度尼西亚，森林被大量砍伐，严重破坏了椰子狸的生存环境，“猫屎咖啡”的产量也因此骤降。

被天气操控的价格

目前，全球有几十个国家正因气候变化产生的影响而面临咖啡产量和质量大幅下降的巨大风险。例如，巴西咖啡豆的生长严重受制于干旱和霜害等气候状况。巴西是世界上著名的咖啡产地之一，其生产规模也是全球最大的。每年 6 月和 7 月是巴西的降霜时节，在这段时间里，巴西是否有霜害发生会直接影响全球咖啡豆的价格。

1999 年，巴西曾久旱不雨，这严重影响了咖啡树开花。因为有专家预料，巴西未来的咖啡产量将发生锐减，造成全球市场供不应求，所以在金融炒家的推动下，全球咖啡豆期货应声大涨。

结果到了当年12月，巴西普降甘霖，灾情得到大幅度缓解，咖啡豆价格狂跌不止，这让许多期货买家血本无归！

全球变暖，麻烦不小

在世界主要咖啡产区，许多咖啡品种经过多年培育，已经适应了当地特定的气候，温度升高一点儿就可以使其质量和口味产生很大变化。咖啡树的生长需要在16～24℃这样一个很受限的温度范围内，温度过高会影响光合作用，并在某些情况下造成树木枯萎。以肯尼亚的咖啡产业为例，虽然肯尼亚的咖啡年产量只占全球咖啡年产量的约1%，但肯尼亚的咖啡豆是国际知名咖啡品牌在调配口味的过程中所必不可少的，而全球变暖引发的长期干旱已让肯尼亚的咖啡豆产量大幅下降。

○ 在非洲肯尼亚，工人们收获咖啡豆

不断加剧的全球变暖也让虫灾和某些病害更容易产生和传播。由于气候变暖，一种被称为"咖啡锈病"的植物病害开始在另一个咖啡主要生产

国——哥伦比亚蔓延。咖啡锈病导致哥伦比亚高山地区的大量咖啡树停止开花，即使咖啡树结果，咖啡豆的质量也有明显下降。

▶ 锈病是高等植物受锈菌寄生而引起的一类植物病害。

对许多喝咖啡的人来说，气候变化的影响只是体现在价格上；而对咖啡生产国来说，尤其是对延续几百年种植咖啡传统的农户来说，气候变化的影响不仅仅体现在经济上。咖啡生产既是他们赖以生存的手段，也深刻影响着他们的饮食、生活习惯，乃至当地的文化艺术。如果全球气候持续恶化下去，那么由咖啡衍生出的文化和习俗将很可能受到严重影响。

○ 哥伦比亚咖啡加工厂的工作人员在对咖啡进行质量检验

小土豆引发大饥荒

泥土里的作物，
『十全十美』的营养食品，
却曾引发一场大饥荒。

当之无愧的“营养之王”

土豆，学名“马铃薯”，是全球第四大粮食作物。作为一种粮菜兼用型的作物，土豆所含的营养非常全面，被全世界公认为“十全十美”的营养食品，在欧美享有“第二面包”的称号。

土豆含有丰富的维生素、矿物质、优质淀粉和膳食纤维，易被人体消化吸收。然而，让许多人想不到的是，历史上，土豆也曾是引发人类灾难的导火索——发生在19世纪40年代的史无前例的爱尔兰大饥荒，就是由于土豆持续性大面积歉收所致。

爱尔兰大饥荒

数百年来，畜牧业一直是爱尔兰的主导产业，农民主要以饲养牲畜和种植谷物为生。随着人口逐渐增长，获得新的食物来源的需求变得更加迫切。土豆自传入爱尔兰后，经过人工培育，逐渐适应了爱尔兰的气候和土壤条件。加上具有很高的产量和营养价值，土豆深受大多数爱尔兰人喜欢。随着土豆种植面积的迅速扩大，土豆种植业逐渐取代畜牧业，土豆成为大多数底层爱尔兰人赖以生存的主食。

▶ **走近科学巨匠**

阿瑟·杨格（1741—1820），英国农学家、经济学家，英国农业革命的先驱。他对农业革命理论的宣传和解释，对其他国家农业革命的兴起起到了促进作用。

据18世纪英国著名农业经济学家*阿瑟·杨格*估计，在18世纪70年代的爱尔兰，人均每日土豆消耗量大约是2.3千克，占底层人口数量三分之一的成年男子的日土豆消耗量更是高达5千克。相比同期的法国、挪威、荷兰的人均土豆消耗量，爱尔兰人对土豆的依赖性最高。这种相对单一的食品来源，为爱尔兰大饥荒的发生埋下了隐患。

晚疫病反复来袭

1845年秋天，土豆晚疫病在爱尔兰暴发，导致土豆的产量在该年损失了至少三分之一。到1846年，这一数字更是上升到了惊人的四分之三。虽然在1847年，土豆种植的受损程度有所减轻，但在接下来的1848年，晚疫病又使三分之一的土豆收成化作泡影。晚疫病的反复侵袭，成为爱尔兰出现严重饥荒的主要原因之一。在大饥荒发生的短短5年时间里，大量人口死于饥饿和疾病，还有大量人口移民国外，爱尔兰总人口从近850

万降至650多万。直到今天，这场大饥荒的影响甚至还存在：爱尔兰的人口数量仍没恢复到大饥荒前的水平。

在人类历史上，由于对植物病原缺乏了解，土豆晚疫病等植物病害曾引发过数不胜数的类似爱尔兰大饥荒的灾难。当今日益加剧的全球气候变化，更是给土豆的种植带来难以预测的风险。

土豆面临的新风险

土豆在生长过程中需水少，更适宜在干旱、半干旱地区种植，同时，种植土豆还能减少水土流失，有效缓解农业生产的资源环境压力，再加上土豆本身有较高的营养价值，这促使土豆在全球的种

○ 甘肃定西的土豆示范基地进入花期

植面积呈上升趋势。

科学家研究表明，如果只是从气候条件方面来看，全球气候变化导致的生态环境变化可能有利于土豆生长。但气候变化也可能为植物病害的发生提供良好的环境条件，导致一些原本在土豆生长后期才会出现的疫病提早出现。染病后的土豆不仅产量降低、品质下降，甚至还会产生毒素

而无法被人食用。为了防治病害，人们不得不使用大量农药，这就造成了环境污染等次生灾害。

土豆——这一大自然赐予人类的“救荒本草”，仿佛在给我们敲警钟：爱尔兰大饥荒不能重演！

在1845年爱尔兰发生的灾荒中，土豆因歉收导致价格上涨，但其需求量非但没有下降反而增加了，这一经济现象在当时被称为“吉芬悖论”或“吉芬难题”。

玉米『拯救』汽油

作为世界三大谷物之一，在应对全球气候变化的复杂关系中，玉米如何自处？

一粒玉米的传播之路

玉米，又名玉蜀黍、苞谷、珍珠米等，有人认为它是从墨西哥中南部的一种名叫“大刍草”的野草进化而来的。当然，今天的玉米与大刍草比起来，无论是果实大小还是品质，都已有了质的变化。玉米在其故乡——墨西哥被认为是“上帝赋予的粮食”，不仅老百姓每天吃，以它为主料制成的美食也是墨西哥国宴上的“主角”。

一万多年前，美洲原住民印第安人就开始有意识地收集人类能食用的植物，并通过特殊的栽培技术，将其逐步“驯化”，玉米就是其中最成功的一种。以哥伦布为代表的西欧殖民者到达美洲后，才在印第安人的帮助下认识了玉米。玉米种子在被带回欧洲后，被迅速广泛种植。大约在16世纪，玉米被引进我国。到目前为止，玉米的种植范围已经覆盖了北纬58°至南纬40°之间的温带、亚热带和热带地区，北美洲、亚洲、拉丁美洲和欧洲的玉米种植面积较大。

中国是一年四季都有玉米生长的国家，北起黑龙江省，南到海南省都有玉米种植。

小麦、玉米和水稻是世界三大谷物，在过去的一万多年里，它们在全球不同地区人类社会的

发展中起到了关键作用。在全球范围内，虽然玉米的总产量次于小麦，居第二位，但其平均单位面积产量却居世界谷类作物之首。

飘忽不定的石油价格

▶ 这里的绿色革命是指20世纪60年代，某些发达国家将半矮秆高产谷物品种及其农业技术引入部分发展中国家，以推进粮食生产的技术改革活动。

从20世纪60年代的*绿色革命*起，包括玉米在内的谷物产量有所增加，全球粮食储备也逐年增加。由此，发达国家摆脱了饥饿威胁，发展中国家饥荒的程度和影响范围也在大幅度减弱。与此同时，靠着以煤炭、石油等廉价化石燃料为基础的发展模式，发达国家驶上了经济发展的“快车道”。

而20世纪70年代爆发的石油危机，促使发达国家的科学家和政治家开始重视生物燃料。但是，石油危机后，在发达国家的控制下，全球石油价格在很长一段时间里非常低廉，相比较而言，从包括玉米在内的各种植物中提取生物燃料的成本则高许多。因此，以生物燃料替代化石燃料的想法，只在实验室或小范围的工业化生产中有所实践。

20 世纪后期，包括我国在内的世界新兴经济体快速发展，同时又有不少国家模仿西方发达国家 200 多年来，以化石能源为基础的经济发展模式，使得石油的需求量增加，由此导致全球石油价格大幅上涨。此时，制造生物燃料的成本已与石油价格相当，有时甚至比石油价格还便宜。

失衡的全球粮食市场

对发达国家和新兴发展中国家而言，社会经济的发展对能源的需求已远远超过对谷物的需求。在国际石油价格大幅度上涨和减缓气候变化的政治诉求不断增长的双重压力下，许多国家通过对本国生物燃料生产制定补贴政策，积极推动使用生物燃料，投资发展生

物能源甚至成为一些国家的基本国策。这样一来，国际上原有的一些平衡开始被打破。

美国一直是全球粮食的主要供应国。当看到生物燃料生产已经有利可图时，美国政府出台了相关政策，鼓励投资以玉米为主要原料的生物燃料工业。那些原本在国际市场出售的玉米，由于价格的原因转而被大量用于美国国内的乙醇生产。乙醇被添加到汽油里作为汽车燃料，减少了美国对进口石油的依赖。这一做法虽然部分满足了美国在减少化石燃料使用、减少二氧化碳排放上的政治需要，同时也为美国节约了进口石油需要的大笔资金，但却打破了全球粮食市场原有的平衡，造成全球粮食价格上涨，严重影响到世界上最需要食物的贫困人群的生存。

玉米还可以用来做什么

玉米籽粒含 70％～75％的淀粉、10％左右的蛋白质、4％～5％的脂肪，同时还有 2％左右的多种维生素。玉米籽粒主要用于食用和饲用，可烧煮、磨粉或制作膨化食品等。饲用时的营养价值和消化率均高于大麦、燕麦和高粱。蜡熟期收割的玉米茎叶和果穗，柔嫩多汁，营养丰富，粗纤维少，是奶牛的良好青贮饲料。

玉米在工业上可用于制作酒精、啤酒、乙醛、醋酸、丙酮、丁醇等。

用玉米淀粉制成的糖浆味道像蜂蜜，甜度胜过蔗糖，可用于制作高级糖果、糕点、面包、果酱及各种饮料。

玉米不简单

2011 年，包括索马里、埃塞俄比亚、肯尼亚在内的非洲国家经历的大饥荒，将气候变化、能源和粮食三者之间复杂的关系推到了国际社会面前。玉米作为全球谷类作物中产量和贸易量的头号农产品，不仅在国际粮食和饲料市场中占有主导地位，还是发达国家生产生物燃料的主要原料。长期以来，受到供求关系、天气变化、政策干预和国际市场动态等多种因素的影响，全球玉米市场价格波动较大。而全球气候变化所导致的极端天气和气候异常事件增多，进一步加剧了玉米价格的变化幅度，对全球粮食市场和相关产业产

○ 2009 年 10 月，美国艾奥瓦州橙市的一家工厂用玉米生产乙醇燃料

生了重要影响。

从一粒小小的玉米，我们可以看到全球合作在应对气候变化方面的复杂性。应对气候变化，不能只是简单考虑减排二氧化碳，也不能只考虑经济效益，还要站在全球角度，从公平、伦理、道德等方面进行综合考量。当然，这也是目前国际气候变化谈判的难点所在。

像气候学家一样思考

针对全球变暖，关于如何给地球降温，科学家提出了许多奇思妙想。例如，美国氢弹之父、物理学家爱德华·泰勒曾有过设想：通过向空中抛撒铝和硫的粉末，给地球降温。泰勒提出的这种办法是要模仿大规模的火山爆发。

美国天体物理学家洛厄尔·伍德曾提出一个同泰勒的设想一样离奇的计划：在地球和太阳之间万有引力互相抵消处，安装一面直径约为 2000 千米的半透明“镜子”，这面巨大的滤光镜不但能减少温室效应，而且能充当地球的“空调器”。

你认为这些想法可行吗？你还知道哪些应对全球变暖的方法呢？

地球的『多米诺骨牌』

小小的金丝雀竟能检测毒气?

候鸟迁徙与人类健康有什么关系?

地球即将进入“气候紧急状态”?

人类在发展的道路上取得了显著成就,然而这一过程也给地球环境带来了巨大变化,甚至已经到达某些临界点。它们如同多米诺骨牌一样,一旦倒下,很可能会导致气候系统的连锁反应……

煤矿中的『预警卫士』

是谁与矿工互称好友，
与矿工共享午餐，
给矿井带来一线生机？

煤矿里的金丝雀

自从人类出现以来，动物在我们的生产和生活中就占据了特殊的地位。英语中的俗语“煤矿里的金丝雀”就是一个例证。

“煤矿里的金丝雀”是英国著名生理学家约*翰·斯科特·霍尔丹*所提出的。作为以研究呼吸时的气体交换和血液中的成分而闻名的科学家，霍尔丹对19世纪煤矿多发的、由有害气体造成的矿难事故非常关注。他在多次亲临现场进行调查时发现，小型恒温动物的呼吸频率比人类的快，矿井中的一氧化碳、甲烷等有害气体会先影响到它们。其中，金丝雀对有毒气体更为敏感。

► **走近科学巨匠**

约翰·斯科特·霍尔丹（1860—1936），英国著名生理学家、牛津大学教授。为了研究不同成分的气体对身体和大脑的影响，他曾把自己关进密闭的实验室中亲身体验。

霍尔丹的研究表明，金丝雀之所以可以在高空飞行，是因为它们身上有专门用于吸入额外空气的气囊。与其他小动物相比，金丝雀吸收的氧气是它们的两倍。也正是因为需要吸入大量氧气，所以金丝雀对空气中的污染物和有毒物质的存在极其敏感，从而成为煤矿中的“预警卫士”。这就是有名的“煤矿里的金丝雀”。

霍尔丹的发现很快被英国各地的矿井采用，

○ 带着金丝雀的煤矿工人

过去，某些国家的矿工会带着金丝雀下井，若矿井中存在微量有毒气体，金丝雀会表现出明显的烦躁。后来，“煤矿里的金丝雀”被用于指代某个危险现象出现的征兆。

被矿工带到井下的金丝雀在提示井下存在有毒气体这一“工作”中表现得非常出色，以至于直到20世纪80年代，这种方法还一直被许多矿井所使用。而美国科罗拉多州的煤矿所“聘用”的却是另一种“预警卫士”——老鼠！

老鼠好友

据科罗拉多煤矿历史记录描述，老鼠会追踪

在矿洞里拉矿石的骡马所留下的饲料踪迹，并沿着矿井一直往下走。一旦在矿井深处定居，一只雌性老鼠一年内可产下上百只幼鼠。而这些老鼠会依靠偷食矿工的午餐来生存。

虽然在黑暗的矿井深处，与成千上万只老鼠共处可能会让今天的人们感到毛骨悚然，但当年的矿工却从这些生物身上得到了极大的安全感。老鼠对矿井空气的变化非常敏感，因此，当老鼠昏昏欲睡时，矿工就知道麻烦即将来临。

科罗拉多矿鼠还具有金丝雀所没有的另一个“特质”——极好的听力。当老鼠突然四散奔逃时，就可能意味着矿井中的支撑木已经折断，矿道即将塌陷。正是由于老鼠给原本黑暗、极其危险的矿井带来了一线光明和生机，许多矿工将老鼠当作朋友，给它们取名；吃饭时，矿工也会与这些啮齿动物朋友共享餐食。

但遗憾的是，人与动物的密切接触并不总是给人类带来欢乐与安全。

暖世飞鸟危言

动物迁徙，
候鸟南飞，
气候在其中扮演了什么角色？

野生动物带来的危机

2002年末至2003年初，一场突如其来的全球性疫情在多个国家和地区暴发。经过全球各国的共同努力，这种名为“*严重急性呼吸系统综合征（SARS）*”的疫情，在2003年中期逐渐消退。现在，在人类的严密防范下，SARS似已销声匿迹，但其阴影尚未完全消散。当人们谈论起这场疫情时，仍心有余悸。

▶ 严重急性呼吸系统综合征（SARS）在我国又被称为“传染性非典型肺炎”，简称“非典”。

科学研究表明，对现代人类威胁较大的传染病大部分与动物有着密切关系。目前，共有上千种病原体危害着人类的健康，其中在新兴传染病的病原体中，有一半以上是人畜共患的。人类社

会大多数新出现的传染病，都被确认起源于野生动物。这些疾病也许早已有之，只是近年来才为人们所认识，相当一部分原因是在目前全球化浪潮中，那些危害性极大的病原体的传播速度更快了，如“非典”病毒、西尼罗河病毒和新型冠状病毒等。

迁徙背后的故事

在自然界中，动物由于觅食、繁殖和气候变化等原因，往往要进行一定距离的、周期性的迁徙。鸟类、鱼类、哺乳动物、昆虫都

鄱阳湖——候鸟天堂

成群越冬的候鸟集结鄱阳湖湿地，在此栖息、翱翔。鄱阳湖自然保护区是以珍稀候鸟及湿地生态系统为主要保护对象的自然保护区，区内有鸟类300多种。它是目前世界上最大的白鹤越冬地。

包含有迁徙习惯的种类。鸟类一般是沿食物丰富的近水地区迁移。哺乳动物中的蝙蝠、驯鹿以及昆虫中的蝗虫、美洲王蝶、英国大白蝶等也有迁徙现象。其中，候鸟通常每年随季节不同而定时变更栖居地，做水平方向的、路线比较稳定的周期性迁移。哺乳动物除存在水平方向的迁徙外，还有垂直方向的迁徙，如在山区的寒冷季节，哺乳动物常向低处移动觅食。

► 夏季在北方繁殖，秋季飞临某一地区越冬的鸟类，对这一地区来说是“冬候鸟”。夏季在一定地区繁殖，秋季飞往南方温暖地带越冬，第二年春季又往北返的鸟类，对这一地区来说是“夏候鸟”。

在我国，*冬候鸟*迁徙主要发生于秋冬季节，它们可以从西伯利亚和中国东北地区，一直飞到菲律宾群岛，甚至到达澳大利亚，春季时又返回北方繁殖地。杜鹃等*夏候鸟*则每年由中南半岛经我国广东省、福建省沿海，至台湾省和其他区域避暑。

“鸿雁，天空上，对对排成行……”歌虽好听，但这种现象背后的故事，恐怕就没那么“抒情”了：动物在漫长的迁徙过程中，会将许多高致病性病原体向各地传播开来，使人类的健康受到直接影响。其中，禽流感在全球范围暴发频率的提高和影响范围的扩大最为各国政府和科学界所关注。

暖世危言

禽流感是一种由禽流感病毒引起的疾病，家禽和野生鸟类都可以被感染。禽流感最早于 1878 年在意大利暴发。自 20 世纪 90 年代以来，影响较大的禽流感是 H5N1 亚型，该亚型具有高致病性且传播速度快，对家禽、野生鸟类和人类都具有严重威胁。自 2003 年以来，H5N1 亚型禽流感在多个国家和地区相继暴发，导致大量家禽死亡，给养殖业造成巨大损失。2013 年，中国出现了第一个人类感染 H7N9 亚型禽流感病毒的记录。由于这一亚型可以通过家禽传播给人类，并引起严重的呼吸道感染和肺炎，病死率相对较高，因此成为潜在的全球公共卫生风险。

目前，虽然科学家还在继续寻找能证明禽流感暴发与气候变化之间存在关联的确切证据，但在禽流感病毒的传播过程中，气候因素肯定起了作用，因为候鸟是禽流感病毒的主要传播者，而候鸟的生活习性与气候息息相关。

气候变化不仅直接影响到人类社会的生存与发展，而且通过对自然生态环境，特别是对野生动物的影响，间接影响到人类的健康。这些间接效应因更隐蔽，危害也会变得更严重，所以防范难度也增强了。

亿万年前的『潘多拉魔盒』

既会危及人类的生命安全，
又在生态系统中起到关键作用，
微生物对人类而言，是敌是友？

威力巨大的微生物

著名生物化学家*阿瑟·科恩伯格*在写给全球少年儿童的科普名著《微生物的故事》中，对微生物做了这样的描写："这些小东西没腿，没眼，没翅膀，没嘴巴，它们到底有多小，肉眼根本看不到它们！"

▶ **走近科学巨匠**

阿瑟·科恩伯格（1918—2007），美国医师、生物化学家。20世纪50年代，他与塞韦罗·奥乔亚各自独立地首次生物合成了脱氧核糖核酸（DNA）和核糖核酸（RNA）分子，因此他们共获1959年诺贝尔生理学或医学奖。

微生物是包括细菌、病毒、支原体，以及一些小型的原生动物、单细胞藻类等在内的一大类生物群体，它们个体微小，与人类生活关系密切。在我们的日常饮食中，制作面包、馒头等面食时，酵母菌是必不可少的；啤酒、酸奶、豆腐乳、东北酸菜、四川泡菜也是微生物的"杰作"。人类发现的第一种抗生素——青霉素也是由微生物这个大家庭的一员——青霉菌分泌的。以青霉素为代表的抗生素的发现和应用，不仅在第二次世界大战中挽救了成千上万盟军将士的生命，还大大增强了全球人类抵抗细菌性感染的能力，使得人类的平均寿命提高了约10年！

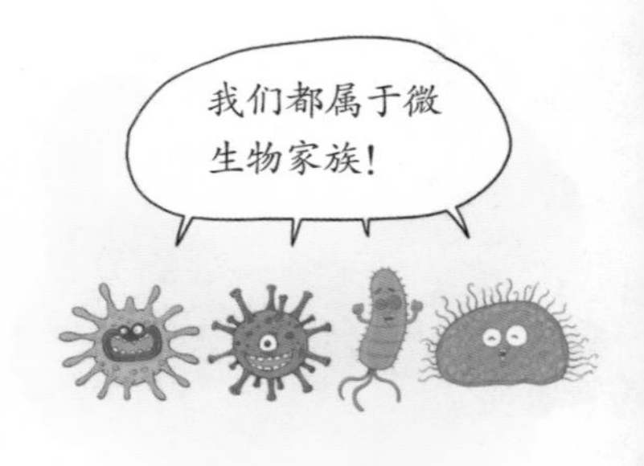

但是，微生物又是造成食物腐败，甚至危及人类生命安全的罪魁祸首。2011年发生在欧洲的

“毒黄瓜事件”，就是黄瓜产地受到肠出血性大肠杆菌污染造成的。当人们食用这种毒黄瓜后，会引发致命的溶血性尿毒症，影响到血液、肾及中枢神经系统等，严重时会导致死亡。毒黄瓜引起的疫病从 2011 年 5 月开始，首先在德国蔓延，相继导致 10 余人死亡，随后包括瑞典、丹麦、英国和荷兰在内的多个国家也开始报告感染病例。欧洲一时陷入极度恐慌。

生物修复技术

微生物在生态环境系统循环过程中起到了重要作用。它们是地球表层土壤形成的主要功臣。通过捕获大气中的碳和氮，微生物为土壤提供了大量的营养物质，提高了土壤肥力，为植物生长提供了基本条件。可以说，微生物是土壤碳氮转化的主要驱动者，在生态系统碳氮循环过程中扮演重要角色。利用微生物所具有的代谢能力和降解能力，科学家和工程技术人员发明了具有低能耗、高效和环境安全特性的生物修复技术，通过使用特定的微生物，来达到吸收、转化、清除或降解环境污染物，修复被污染环境的目的。

发现第三种超大型病毒

近年来，全球平均温度的上升对植物、动物、极地冰盖产生了巨大影响，而土壤微生物种类和分布对温度变化也非常敏感。遗憾的是，对于土壤微生物是如何响应全球气候变化的，其个体数量、群落结构和多样性的变化是如何与气候变化相关联的，以及其变化又是如何通过改变土壤化学成分、植物群落而最终影响气候变化的……这些关键性研究目前还刚起步。微生物与气候变化之间的大多数关系，仍然是一个“黑盒子”。

这里所说的“黑盒子”是指微生物与气候变化的关系就像一个黑盒子一样，不可透视。

但是，法国国家科研中心与马赛大学联合实验室的病毒学家团队的一项研究，让全球科学界产生了紧迫感。2014 年 3 月初，法国科学家宣布了对从俄罗斯远东地区的楚科奇民族自治区采集到的一份冻土样本的分析结果。在这份样本中，发现了被称为“西伯利亚阔口罐病毒”的巨型病毒。这种直径达 0.5 微米、可在光学显微镜下观察到的病毒，被确认为世界上第三种超大型病毒。进一步的分析发现，西伯利亚阔口罐病毒拥有大约 500 组基因，虽远少于同为超大型病毒的潘多拉病毒，但其细胞内的自我复制模式却更加复杂。

来自亿万年前的病毒

然而，令世界震惊的不仅仅是巨型病毒的发现，而是这种病毒曾生活在史前人类*尼安德特人*灭绝的时期。法国科学家的研究表明，这些封存在 3 万多年前土层中的病毒仍可以存活，且具有感染性。而美国微生物生态学家更是在 42 万年前形成的冰芯中，发现过活着的细菌，而且这些细菌仍然能够生长和分裂！

▶ 1856 年，在德国杜塞尔多夫尼安德特河谷附近的一个洞穴里发现了早期智人的化石。1864 年，这类智人被定名为“尼安德特人”。

这些发现意味着，如果全球气候继续变暖，极地地区冻土层会融化，许多中更新世后（约 75 万年前）再也没出现过的细菌及其他微生物可能会重返现代世界，就如同打开了“潘多拉魔盒”，可能会释放出类似西伯利亚阔口罐病毒的其他未知病毒。虽然这些生存在冰冻环境下的微生物不一定会危及恒温动物的存在，但可能会挤占现有微生物种群的生存空间，对未来自然生态环境造成不可预知的后果，进而对全球人类的健康造成威胁！

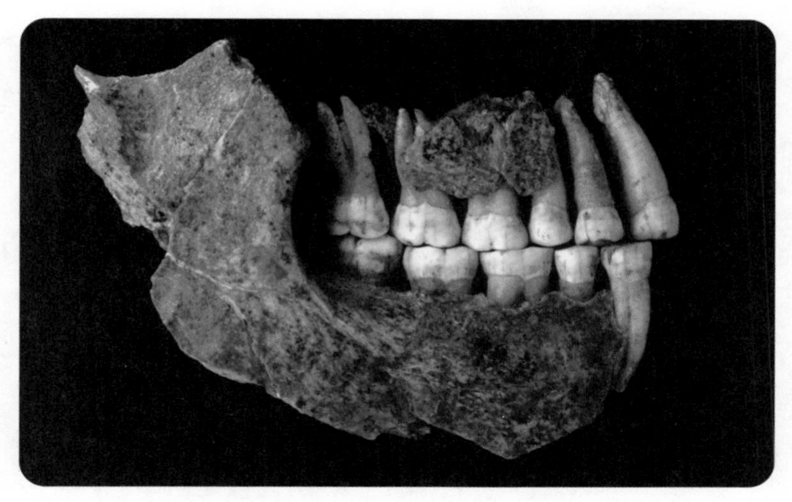

○ 比利时皇家自然科学研究所公布的尼安德特人骨骼化石图片

“微生物学之父”——巴斯德

17 世纪后叶，荷兰人列文虎克通过自制显微镜观察到细菌。然而，直到 19 世纪中叶，人们对细菌的来源仍一无所知。当时一些科学家认为细菌是自然产生的。例如，他们认为肉汤变质是由自然生成的细菌所造成的。法国科学家巴斯德通过一个巧妙的实验揭示了真相，证明了肉汤的腐败实际上是由来自空气的细菌造成的。此外，巴斯德还发现了乳酸菌、酵母菌（真菌的一种），提出了保存酒和牛奶的巴氏消毒法，以及防止手术感染的方法，为微生物学的发展奠定了基石，因此后人尊称他为“微生物学之父”。

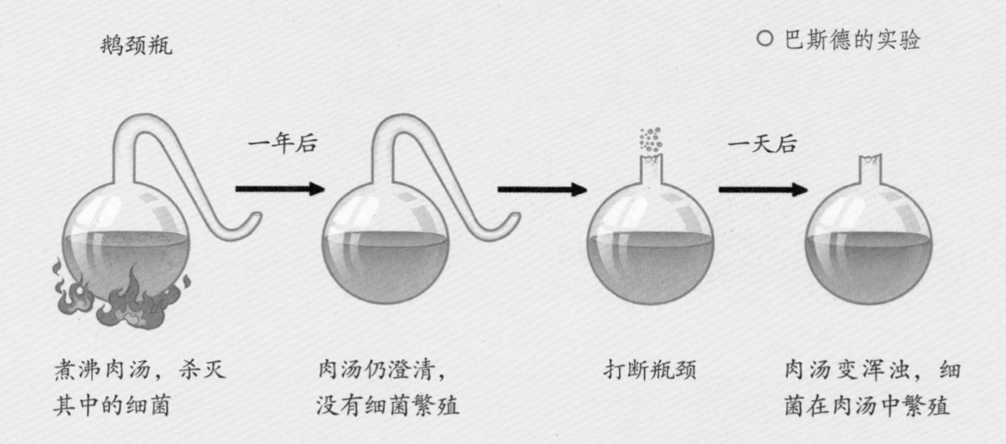

○ 巴斯德的实验

气候系统中的『金丝雀』

气候系统的临界点，可能引发全球范围的『多米诺骨牌效应』，人类的未来是未知的吗？

9 大标志性现象

100 多年前，科学家霍尔丹发现了煤矿中的“预警卫士”——金丝雀。今天，当人类社会正面对极为错综复杂的全球气候变化的威胁，特别是这一威胁产生的原因又与人类无节制的经济活动密切相关时，找寻能为人类社会提供预警的卫士，是众多学科的科学家需要竭尽全力、联手攻关的紧迫课题。

英国著名气候学家蒂姆·兰顿教授在研究历年来气候变化领域的科学发现时，曾总结出可以对全球气候系统状态变化给出预警信号的 9 个标志性现象，包括：北极海冰融化、大西洋经向洋流的翻转、格陵兰冰盖消融、俄罗斯北部森林大火、永久冻土消融、亚马孙热带雨林大火、珊瑚死亡、南极大陆西南极冰盖融化及南极东部地区出现内陆湖。

○ 当地时间 2020 年 8 月 16 日，亚马孙热带雨林大火正在持续

这些现象在全球变暖的推动下，不但有可能对本地区的自然环境造成无法逆转的破坏，还可以通过气候系统各个组成部分的相互联系，引发全球范围的*“多米诺骨牌效应”*。气候科学家借用了物理学中的名词，将这些标志性现象称为“地球气候系统的临界点”。

▶ 18世纪早期，出现在欧洲的一种用来游戏的长方形骨牌。把骨牌按一定距离竖立起来排成行，只要碰倒一张，后面的便会一张碰一张地相继倒下。后来，人们把连锁反应称为“多米诺骨牌效应”。

压死骆驼的最后一根稻草

“临界点”作为基础科学中的一个理论名词，被理论科学家用来定量描述自然界复杂系统变化过程中，两种截然不同的状态之间的分界线。当临界点被触发时，会通过复杂的连锁反应和相互作用，让系统从一种状态进入另一种状态。

而气候系统的临界点还有另外一个对人类社会、经济和生态系统产生严重威胁的特征，就是当这些临界点被突破后，气候系统就再也无法回到原来的状态，科学家将这一特征称为“不可逆”。用一个最通俗的例子来描述，临界点就是人们经常说的“压死骆驼的最后一根稻草”。

遗憾的是，虽然兰顿教授将临界点作为气候系统的“金丝雀”，但他的发现并未能够立即引起全球人类社会，特别是政策制定者的足够重视。十几年后，当科学界对兰顿教授所提出的临界点重新进行评估时，却发现不但兰顿的9个“临界点”标志性现象已经超出或即将超出安全范围，进入不可逆过程，而且全球范围还出现了新的临界点。

气候变化的26个临界点

基于对地球系统的观测和计算模拟，英国埃克塞特大学全球系统研究所发布的《全球临界点2023年报告》识别出26个气候系统临界点。

在冰冻圈中，识别出6个临界点，包括格陵兰和南极冰盖融化、冰川和永久冻土融化等。

在生物圈中，识别出16个临界点，包括森林枯死，稀树草原和旱地退化，湖泊富营养化，珊瑚礁、红树林和海草草甸的死亡以及渔业崩溃等。

在海洋和大气环流中，识别出4个临界点，即大西洋经向翻转环流、北大西洋次极地环流、南大洋翻转环流和西非季风。

死亡的红树林

红树林一般生长在热带、亚热带陆地与海洋交界的滩涂或浅滩，是陆地向海洋过渡的特殊生态系统，有防风消浪、促淤保滩、固岸护堤以及净化海水和空气的功能。红树林死亡已经造成一些海洋生物濒危，并导致大量海藻死亡。

未知的恐惧

随着古气候学、气候长期观测和气候模型的模拟研究在科学认识方面取得了实质性进展，科学界已经检测到格陵兰冰盖、大西洋经向环流和亚马孙雨林出现了不稳定的信号，而南极西部冰盖的部分地区可能已经过了临界点。这些最新科学发现，让越来越多的学者认定地球进入了所谓的“气候紧急状态”，特别是近年来气候变化的加速，加快了气候系统接近各个临界点的步伐。让科学家最为担忧的是，一旦这些临界点被跨过，我们所面临的一切都是未知的。

像气候学家一样思考

气候学家正在不断探索和研究这些地球气候系统的临界点。他们通过收集和分析大量的数据，模拟和预测气候系统的变化，努力找出可能引发临界点的微小改变。同时，他们也在研究如何通过减少温室气体的排放、改变能源使用结构等方式来降低临界点出现的可能性。

然而，尽管气候学家已经做出了很多努力，但我们仍然不能确定哪些临界点会在何时被触发。科学家已习惯于对付存疑和不确定性。这种与怀疑和不确定性打交道的经验很重要，它具有很大的价值。

珊瑚白化
如果共生藻离开或死亡，珊瑚就会变白，最终因失去营养供应而死。近年来，由于海洋温度不断升高，珊瑚白化现象越来越多。

尾声

历史总是被人类所重演

“泰坦号”深海潜水器发生内爆，使100多年前历史上著名的海难事件之一——“泰坦尼克号”邮轮沉没，重新引起人们的关注。实际上，两次海难的发生都与人类的自负脱不了干系。如果把气候比作一艘在时间的“航线”上乘风破浪的巨轮，那么，人类是否也已经因盲目自信而造成许多隐患了呢？

“泰坦号”的沉没

2023 年 6 月 18 日，由美国海洋之门公司组织的深海考察活动——考察“泰坦尼克号”邮轮残骸正式启动，“泰坦号”深海潜水器载着 5 名船员向深海驶去。此项目所需费用巨大，5 名船员都是身家亿万的富翁。但是，“泰坦号”深潜器在出发约 1 小时 45 分钟后就失联了。经过数日不间断的搜寻，6 月 22 日，“泰坦号”最终被确认发生了灾难性内爆，5 名船员全部死亡。

在追问“泰坦号”失事的原因，并对深海探索的安全性和必要性发出质疑的同时，许多人也将关注点聚焦在“泰坦号”深潜器所要造访的“泰坦尼克号”沉船遗址上。有人提出了这样一个疑问：

○“泰坦号”深潜器从一个平台发射

为什么一艘在 100 多年前沉没的邮轮还会有如此大的吸引力，让富豪们不惜一掷千金，冒着风险去海底一探究竟呢？

○“泰坦号”深潜器

重回“泰坦尼克号”

1909 年 3 月 31 日，排水量超过 5 万吨的“泰坦尼克号”邮轮在哈兰德与沃尔夫造船厂动工建造，1912 年 4 月 2 日完工试航。它不仅是当时世界上体积最庞大、内部设施最豪华的客运轮船，还因为其设计和船舶建造工程技术代表了当时人类对工程挑战的追求和突破，被冠以“永不沉没”的美誉。

然而不幸的是，“泰坦尼克号”在从英国南安普敦出发，驶向美国纽约的首航中，便惨遭厄运。1912 年 4 月 14 日 23 时 40 分左右，“泰坦尼克号”与一座冰山相撞，大约 3 小时后，“泰坦尼克号”的船体沉入大西洋。“泰坦尼克号”沉没事故虽然让世界震惊，但由于当时技术条件所限，不但事故原因成为谜团，残骸也是直到 1985 年才被发现。

自负的代价

“泰坦尼克号”事件不禁让我们对人类在大自然面前所固有的傲慢和自以为是的态度进行反思。20 世纪初期是人类历史上一个充满挑战的时期，科学和工程技术领域的创新和进步，让包括科研人员在内的绝大多数人相信科技无所不能。“泰坦尼克号”正是在这样一个时代背景下应运而生的。“泰坦尼克号”除了要为乘客提供一种奢华的船上体验，其设计目标之一还有在应对大西洋已知的

○“泰坦尼克号”残骸

强大海浪和冰山风险的基础上，创造更快的航速和更高的航行稳定性。但是，冰山监测和预警系统不完善、船体结构设计存在弱点、船体使用的钢材和早期焊接技术受限等，正说明人类对技术创新盲目崇拜，同时对地球自然环境缺乏足够的认识，而这也是最终导致灾难性后果的主要原因。

历史重演

遗憾的是，100 多年后，对“泰坦号”深潜器失事原因的初步调查表明，“泰坦尼克号”的历史教训并没有让人类改变，历史重演了！大多数深海潜水器的“外壳”是由同种材料（通常是金属）制成的，整体结构上没有接头和其他花哨的东西。而“泰坦号”两端用金属钛制成，中部则用碳纤维复合材料制成。当“泰坦号”下降到一定深度时，碳纤维就会收缩，而钛合金则根本不会发生变化，这导致两者之间出现了裂纹。在深海，一个针尖大的孔都是致命的。

与“泰坦尼克号”被冠以“永不沉没”的称号相同，据一些曾经希望搭乘“泰坦号”的乘客回忆，船长曾对“泰坦号”的安全性表现得极为自负，甚至完全无视乘客对基本安全预防措施的质疑。

“气候之船”在驶向何方

如果我们将气候比作一艘船，那么“气候之船”现在已经扬帆起航，因为即使人类能够在一夜之间消除所有碳排放，根据地球气候系统所固有的惯性，地球表面的平均温度和海平面在未来几十年内也不会下降。就像乘坐在巨大如“泰坦尼克号”的船上一样，人们不能等冰山已近在眼前才开始采取行动，躲避灾难。那么，在应对今天和未来的全球气候变化时，我们能够从“泰坦尼克号”事件中获得哪些启示呢？

第一，“气候之船”未来的航程中会有许多需要躲避的“冰山”，无论这些“冰山”是真实的（如来自南北两极地区的冰山），还是一种比喻（如在全球各地出现的气候临界点）。因此，尊重自然规律，加强对“冰山”的监测、预警和风险评估，在决策和行动中充分发挥科学的作用，是最为紧迫的。

第二，我们知道，“泰坦尼克号”的沉没是由多方面原因造成的。对在设计、技术、材料等方面快速创新的过度信赖，会让人们对“增加复杂性可能会提高出现意外后果的概率”这一事实视而不见，盲目地认为新技术可以完全掌握。因此在未来，一项新技术正式投入使用前，进行大量测试和全方位的评估是不能被忽视的重要工作。

第三，由于当年搭乘“泰坦尼克号”的乘客大多相信这艘当时最大的邮轮是“永不沉没”的，因此他们基本没有携带救生设备，也没有学习相关的自救技能。当碰撞发生后，由于缺乏必要的公共广播系统，许多人认为这只是一次演习，再加上当时室外气温很低，一些人选择留在室内等待救援。在气候变化问题上，许多国家的公众也面临与当年“泰坦尼克号”事件类似的情形：他们或是得不到正确的信息，或是选择相信错误信息，寄希望于灾难发生后获得来

自外部的救援。

在全球气候变化形势日趋恶化的当下，重温“泰坦尼克号”的历史，也许我们更需要做的是规划好航程，加强对风险的预测能力，增加更多的“救生艇”以应对最坏的情形。

○ 露出海面的冰山一角

附录

气候变化的驱动因素

后记

与生物界的其他生物一样，人类自诞生以来的演化发展一直被有着几十亿年变化历史的地球自然环境，包括地球大气所“控制”。随着人类文明的发展，古人从对各类天气现象的敬畏，逐步开始了对天气的观测，所总结出的一些规律不但能够预测天气，还极大地帮助人类规划农业生产活动（如中国的二十四节气）。然而，自 200 多年前所发生的工业革命以来，人类对自然环境的影响不断增强。今天，人类一方面通过科学技术的进步，能够在全球几乎任何天气条件下生存；另一方面，人类活动也已经从根本上改变了百万年来地球大气原有的组成结构。而这一改变所可能引发的地球气候系统突变，对人类和地球上的绝大部分生物而言，也许是灾难性的！

经过10余年本科、硕士和博士研究生阶段的学习，再加上毕业后在高校教学、在研究所从事科研管理与规划工作，以及运营国际组织的20余年实际工作经历，我在气候变化对自然环境和人类社会的影响及我们如何应对这个问题方面，积累了一些可以与年青一代分享的个人体会。

对出生在21世纪的少年儿童而言，气候变化已不是几十年前科学家的“大胆”推测和计算机模型模拟出的科幻情景，而是他们的亲身体验。因此，生活在“气候变化时代”的每一个人，都应该了解和掌握一些气候变化的科学知识，以便在日常生活中能够理性地应对全球气候变化所带来的影响。这是我撰写本丛书的初衷。

本丛书能够得以出版，首先要感谢引领我进入气候变化科学研究领域的许多前辈科学家。在这里，我要特别感谢我的导师、国际著名气候学家、北京大学教授王绍武先生，是他的言传身教让我了解到成为一名科学工作者所必须具备的品质，也让我懂得要学会享受艰辛科研工作所带来的乐趣。美国科罗拉多大学的格兰茨（Glantz）教授是我要感谢的另一位导师，他打开了我通过社会角度看天气、气候及其变化影响的视野，指导了本丛书基本框架的形成。

其次，本丛书的责任编辑江冲女士是我最应该感谢的，是她首先向我提出了撰写本丛书的建议。同时，我要感谢连建军先生、魏晓曦女士、吕洁女士对本丛书的大力支持，使图书能够顺利获得出版社的立项。在过去一年的写作过程中，江冲女士不但在文稿的写作方式上给予我许多好建议，还充分发挥她的学术专业优势，对文稿中的科学事实和相关数据做了细致入微的校对，保证了图书的科学严谨性。另外，我还要感谢共同参与本丛书出版工作的各位编辑，包括王琰、孙琦、孙恩加、邓荃、窦畅等。

希望本丛书能够在提高公民气候科学素养方面发挥一定的作用，而良好的公民气候科学素养是保护我们脆弱的地球气候和生态系统所急需的。

2023 年 10 月 1 日

* 北京师范大学“高等学校学科创新引智计划”（综合灾害风险科学 2.0）成果，项目编号为 BP0820003。

我的读书笔记

亲爱的小读者，请你在这里记录下阅读本书时的所思所感吧！

品牌介绍

知识无边界，学科划分不是为了割裂知识。中国自古有“多识于鸟兽草木之名”“究天人之际，通古今之变”的通识理念，西方几百年来的科学发展历程也闪烁着通识的光芒。如今，通识正成为席卷全球的教育潮流。

“科学 +”是青岛出版社旗下的少儿科普品牌，由权威科学家精心创作，从前沿科学主题出发，打破学科界限，带领青少年在多学科融合中感受求知的乐趣。

叶谦教授撰写的“地球气候之书”系列图书以气候变化为主题，以故事的形式带领读者回溯气候的演变轨迹，了解气候对生物进化与文明兴衰的影响，是“科学 +”品牌推出的重点书系。